親子食養

專業營養師教你
大腦開發這樣吃

小山浩子◎著
張萍◎譯

前言

拿起這本書的讀者，想必希望能把自己的孩子養得「健康」又「聰明」吧？

新手父母，應該有許多煩惱。

當手中抱著自己的孩子，一定會覺得非常的幸福，同時也會昇起一股責任感。

母乳、配方奶的時期轉眼而逝。五、六個月左右的寶寶，開始進入「副食品」時期。想到給予孩子的每一口食物，都會成為成長的營養來源，家長更需要慎重篩選。

好不容易準備了對身體有益的食物，但家長的煩惱還沒結束。

「孩子不喜歡，所以不吃」

「擔心孩子過敏」

「每天都要想新的菜色，實在麻煩」

筆者身為一名專業營養師，經常在日本全國各地以「飲食與健康」為題，進行專題演講。

在會場和許多家長談話後，我發現民眾對於「大腦開發飲食與營養」的知識觀念普遍不足。

家長如果缺乏營養學的基礎知識，細心準備的料理不但效益不高，也可能不符合孩子成長所需。

這樣一來，好不容易的努力，豈不是白費了？

本書所整理的概念，能夠作為確實幫助孩子大腦開發的飲食指南。

其中並沒有什麼高深的學問，而且在某種程度上，都是大家已知的事實。

筆者將孩子在各個成長期應該注意的重點整理出來，集於本書。

書中除了匯集孩子在成長階段應該注意的營養重點，也提供簡單易做的食譜與烹調訣竅。

若本書能夠幫助努力為孩子準備每一餐的家長們，筆者將感到非常榮幸。

飲食是家長給孩子的情書，請務必抱持著愉悅的心情製作。

二〇一六年七月　小山浩子

目次

第2章

【嬰兒期·副食品期】

爲大腦開發打好基礎的飲食重點

第3章

【幼兒期　一歲半～五歲】

促進孩子大腦與身體健康成長的飲食重點

第4章

【小學生　六歲～十二歲】

培養專注力的學齡兒童飲食重點

第5章

【國中生　十三～十五歲】

增強大腦與身體，迎戰考試的飲食重點

第 1 章

什麼是「大腦開發」？

孩子的大腦成長，與每一餐息息相關

「大腦開發」是孩子聰明成長的第一步

「你希望你的孩子聰明又伶俐嗎？」如果有人這麼問，相信一定不會有家長說「不希望」吧？每個人心目中的理想孩子，即使類型有所不同，「望子成龍」是每個家長共同的期望。

因為，沒有人會因為「聰明」而感到困擾。無論孩子未來將如何發展，有顆靈活的頭腦，必定會有所幫助。

家長們的期望，自古以來都沒有改變，但是近年卻越來越熱烈，各個家庭都無所不用其極，從孩子還很小的時候就開始各種訓練。甚至打從懷孕起就開始進行胎教，孩子出生後也購買各種益智玩具。

從兩三歲左右，開始讓孩子學鋼琴、認字、上英語會話班等才藝課程。每天晚上唸繪本給孩子聽，有些家庭還會與孩子一起寫學習評量本。

從大腦開發的觀點來看，這些的確會有幫助。人類的大腦從胎兒期就開始發展，**最佳的開發時期是在「出生後至六個月左右」**。因此，為了讓孩子變聰明，每個家長都努力想在嬰兒期、幼兒期就開始給予孩子刺激，進行各種「大腦開發」。

整天念書，孩子不會變聰明

家長們常會忘記一件事，想要建構孩子聰明的大腦，不僅必須透過學習等外在刺激，**還必須由內給予能夠幫助大腦細胞成長茁壯的材料，也就是營養素**。如果內部缺乏建構大腦的材料，給予再多的外在刺激，也無法幫助孩子的大腦順利發展。

何謂「建構大腦的材料」呢？

大腦與身體的建構，都取決於從食物中獲得的營養素。也就是說，**讓孩子邁向成功的第一步，是「確實攝取有益大腦開發的營養素」**。

或許會有人認為「念很多書，大腦不就會變好嗎？」當然不只是如此。即便使用同樣的方法、花同樣多的時間念書，孩子的大腦是否可以充分運作、大腦是否獲得充分的營養，才是關鍵。飲食會影響孩子的學習效果。正因為如此，若希望引出孩子內在的潛力，就要為他建構能夠發揮最大學習效果的地基。

成長期的孩子、比成人更需要營養。媒體也經常報導「建構骨骼、牙齒，需要攝取大量的鈣質」，或是「建立肌肉，需要蛋白質。」等等。就像骨骼與肌肉一樣，**建構大腦也需要透過食物**。然而，具備營養觀念的人卻少得令人驚訝。

準備飲食的家長，是孩子專屬的營養師

請各位想像奧運選手，或是職棒選手、足球選手的樣子。為了挑戰紀錄或是活躍於第一線的選手，他們身邊都會有幫忙打點一切的助理從旁協助。一個團隊中，成員除了指導技術的教練或訓練員，還會有協助選手進行營養管理的專屬營養師。

同樣的，如果將孩子的大腦看成是接受訓練的選手，將指導孩子念書的人（如學校老師或補習班老師）視為教練，家長扮演的角色當然就是管理營養的專屬營養師。

為了讓孩子的學習效果發揮到極致，能夠勝任「大腦開發」這項重要工作的人，當然唯有於每天為孩子準備飲食的家長囉！

孩子的大腦，九成會在六歲以前發育完成

事實上，大腦開始發育的時期相當早。

早在懷孕兩個月左右，胎兒的大腦神經就已經開始發育了。出生後，寶寶的大腦更是難以想像的速度拼命發展，到了孩子三歲左右，大腦、小腦、腦幹等基本構造幾乎都已經發育完成。

在此，先來認識大腦的構造吧。大腦是一座複雜度極高的網路系統，會接收自眼睛、耳朵等感覺器官所傳遞的訊息，並且經過分析、記憶，產生思想與情感、行動。

大腦的結構

嬰兒出生後，大腦會以超常的速度成長

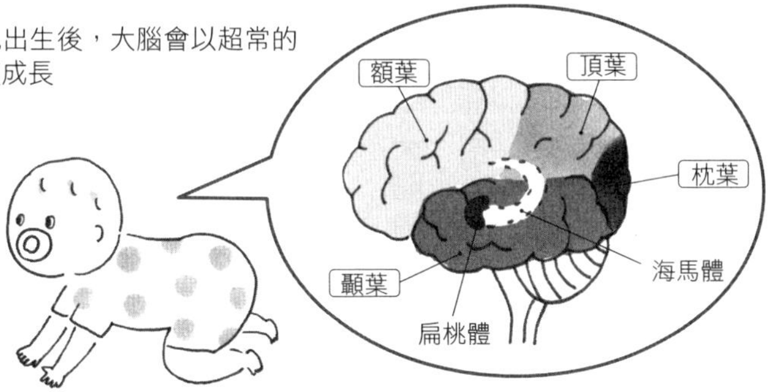

佔據腦部重量85%的大腦，可以分成左右兩個腦半球。腦半球分別有額葉、頂葉、顳葉、枕葉等四個區域，分擔腦部大量的工作。

我們的額頭正後方即是額葉。除了掌管記憶、注意力等基本工作之外，也會影響一個人的管理能力、決策能力、行為模式，個性以及溝通能力。

額葉後方即是頂葉。頂葉能處理透過皮膚傳遞的感覺訊息（氣溫、觸感等）以及空間訊息（大小、距離等）。

顳葉包含海馬體以及扁桃體，作用是控制記憶、保管長期記憶。用來接收聲音訊息以及嗅覺訊息，並且解釋這些訊息的意義。

如同前述，大腦的各個不同位置，必須完成所分配的各種工作，並且再將相關訊息運送到不同位置。這便是俗稱的腦部活動。

如果想要加速腦部活動、讓大腦進行精準的工作，就必須讓大腦網路系統，也就是大腦神經細胞呈緊密分布。然而，**大腦神經細胞在三歲前最為發達**。

六歲時，大腦神經細胞即發育到成人大腦的90%，到了十二歲，大腦已幾乎發育完成。也就是說，大腦的成長期，是打從胎兒時期就開始發展，**於嬰兒期至幼兒期達到顛峰，到小學畢業時便近乎完成**。因此，孩子未來的能力，與這段時期大腦發展的程度息息相關。

目前已有許多調查大腦發展狀態的相關研究。下一頁的圖表可看出人體各個部分的發展狀況。

斯開蒙發展曲線圖

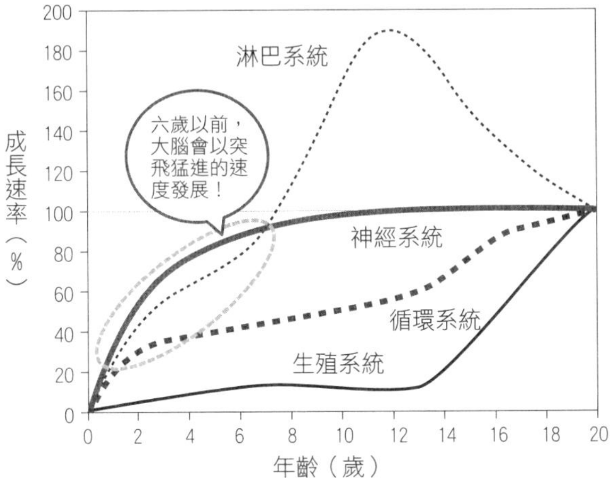

Scammon R.E.et al (1930) The measurement of the body in children

這個圖稱為「斯開蒙發展曲線圖」。是由美國人類學家——斯開蒙（Scammon）所提出。

從這張圖表可看出，相對於身體的發展曲線緩慢，神經系，也就是大腦，在六歲前都會急速發展。直到六歲左右，才呈現較緩慢的曲線。

由此可知，在這段期間確實給予能夠幫助大腦充分成長的飲食，對孩子未來的成長，有著關鍵性的影響！

有助於大腦開發的營養素

想要建構一個能夠充分運作，聰明伶俐的頭腦，需要哪些營養素呢？在這之前，還需要先了解建構大腦的基礎知識。

大腦是由哪些物質所組成的？

人體約有60％是水，但**大腦的60％卻都是脂肪！**

脂肪，對女性而言是不除不快的敵人。目前對於已經漸入中年的家長來說，大部分的人都會盡量避免攝取脂肪。然而，容易被人們當作「壞東西」的**脂肪，對大腦來說卻是不可或缺的重要營養素**。

「優質脂肪」是邁向聰明頭腦的捷徑

若是過度攝取脂肪而導致肥胖，當然也會影響健康。如何適量、確實攝取脂肪非常重要，對孩子而言也是一樣的。油脂對人類身體來說是非常重要的細胞膜與血液材料。必須特別注意的是，應該慎選脂肪的來源！

也就是，應該攝取「優質」的脂肪。

「優質脂肪」指的是怎樣的脂肪呢？一起來認識脂肪吧。

建構脂肪的物質，稱為「脂肪酸」。脂肪酸有將近二十種，可以大致分為**「飽和脂肪酸」**與**「不飽和脂肪酸」**兩種，兩種脂肪酸的性質各有不同。較具代表性的飽和脂肪酸是肉類的肥肉部位、豬油、奶油等動物性脂肪，特徵是在常溫下會形成凝結的固態。相對於此，多數植物油或魚肉脂肪，則屬於不會凝結的不飽和脂肪酸，是一種在常溫下呈現液態的油脂。

各位若想更深入了解關於「飽和」和「不飽和」脂肪酸的部分，可以查詢專門書籍，這邊就不再詳述。希望各位先有個印象，知道不飽和脂肪酸含有「Omega-3**脂肪酸」這個成分就行了**。

Omega-3脂肪酸能夠活化大腦細胞！

應該有許多聽說過吧。近年相當受到矚目的Omega-3**脂肪酸可改善血液循環，具有抗老化、活化大腦等功效**。

Omega-3脂肪酸有許多種類，較具代表性的是秋刀魚、鯖魚等青背魚中富含的DHA**與**EPA。植物油中也含有Omega-3脂肪酸，如：亞麻仁油、荏胡麻油中富含的α-**亞麻酸**。Omega-3脂肪酸，在核桃等堅果類食物中含量也很豐富。

這些Omega-3脂肪酸，在建構大腦上掌握著非常重要的關鍵。

脂肪酸的種類

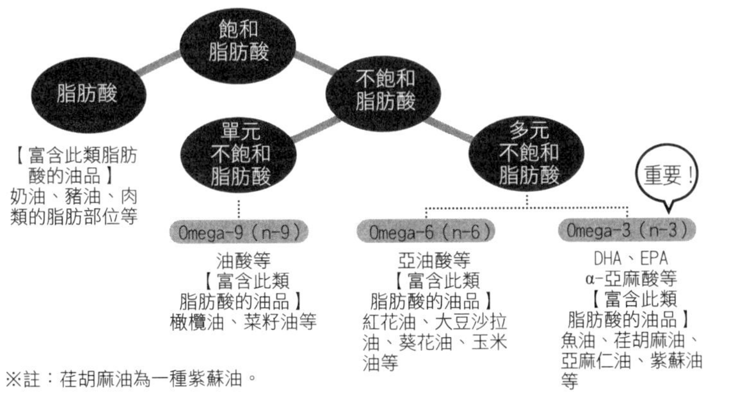

攝取Omega-3脂肪酸與活化大腦的關聯將會在第2章中詳細說明。簡單來說，Omega-3脂肪酸與**建構大腦的細胞膜**有關。攝取Omega-3脂肪酸能夠讓細胞膜變得充滿彈性。若細胞膜充滿彈性，大腦的運作也會更加靈敏。

一直以來，我們常說想法有彈性的人「大腦靈活」。相反的，無法接受新的觀念、難以溝通的人，會說是「大腦僵化」。事實上，大腦靈活或是僵化，不只是一種比喻；想法比較有彈性，大腦運作活躍的人，通常他們的大腦組織的確比一般人來的有彈性。

大腦的運作是「傳遞訊息」

接著，將說明大腦的活動。

了解大腦的活動方式，對大腦開發來說，非常重要。

大腦的神經細胞外型看起來就像樹枝（請參照下頁圖示），呈現向外擴張、分枝複雜的「樹突狀細胞（dendritic cell）」本體，上面有如繩索般延伸拉長的「軸突（axon）」。神經細胞本體和軸突一起稱為**「神經元（neuron）」**，屬於一個神經細胞。大腦中總共有一千幾百億個神經元。

一個神經細胞的大小，僅有五到一百微米（一百萬分之一公尺），但令人驚訝

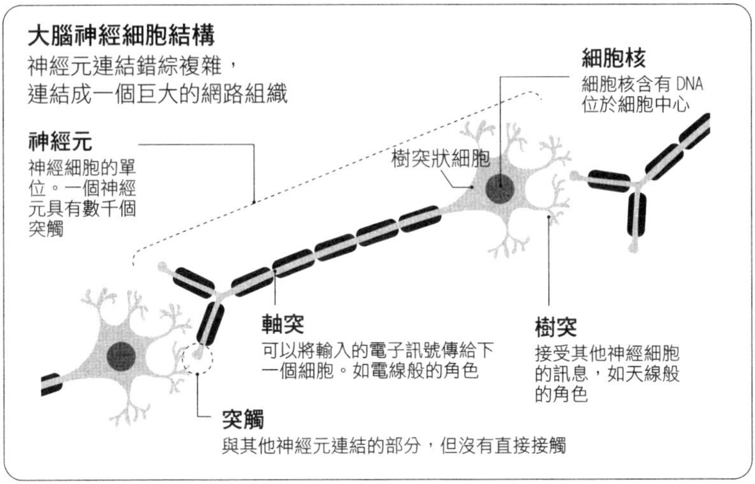
大腦神經細胞結構
神經元連結錯綜複雜，
連結成一個巨大的網路組織
細胞核
細胞核含有 DNA
位於細胞中心
神經元
神經細胞的單位。一個神經元具有數千個突觸
樹突狀細胞
軸突
可以將輸入的電子訊號傳給下一個細胞。如電線般的角色
樹突
接受其他神經細胞的訊息，如天線般的角色
突觸
與其他神經元連結的部分，但沒有直接接觸

的是，如果把大腦的所有神經細胞及軸突排成一列，可以長達100萬公里，相當於地球到月球來回一圈半的距離。

神經細胞在大腦中，並不是呈一條直線，而是像一根彎曲的繩子，錯綜複雜地連結、交錯，形成一個巨大的網路，收納在我們小小的腦殼中。

細胞膜充滿彈性，有助於接受器的功能！

透過視覺或是聽覺，從外部輸入的訊息，會傳遞到大腦的神經網路，在大腦不同部位會產生不同的反應，並將需要儲存的記憶訊息，移動到適當的位置。

進一步觀察，可發現訊息是以一種電子訊號的形式，在大腦神經網路上流通。這時，位於軸突細胞所傳遞的電子訊號，會在軸突前端的「突觸（synapse）」部份，轉換成神經傳遞物的化學分子，繼續朝向其他神經細胞釋放並傳遞訊號。（參照下圖）

突觸所釋放出的化學分子——神經傳遞物，會被下一個神經細胞樹突（dendrite）前端的接受器（receptor）接住。接受器就像是傳接球用的手套。神經細胞接住神經傳遞物以後，會改以電子訊號的方式，繼續往下一個神經細胞傳遞。

因此，愈是發展順利的大腦，愈能夠反應迅速的進行這一連串動作。**掌握速度的關鍵，端賴神經細胞膜的彈性**。若接受器周圍的細胞膜充滿彈性，便能夠使接收神經傳遞物的接受器迅速運作，順利接收化學分子。

突觸結構

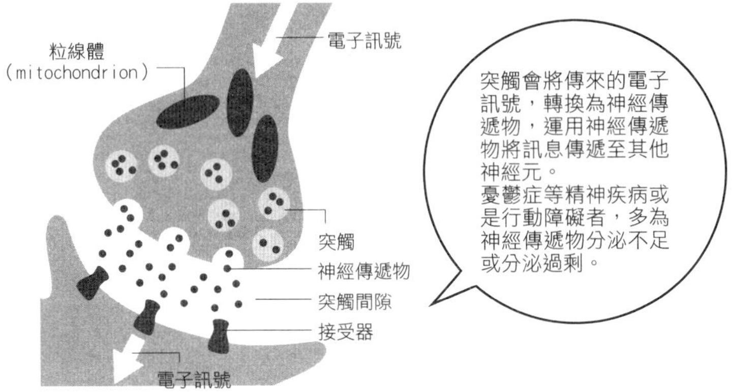
電子訊號
粒線體
（mitochondrion）
突觸
神經傳遞物
突觸間隙
接受器
電子訊號
突觸會將傳來的電子訊號，轉換為神經傳遞物，運用神經傳遞物將訊息傳遞至其他神經元。
憂鬱症等精神疾病或是行動障礙者，多為神經傳遞物分泌不足或分泌過剩。

相對於此，神經細胞膜比較僵化的接受器，即使想要接收化學分子，也往往心有餘而力不足，不但會漏接，還無法將所接收到的分子訊號繼續傳遞出去。

要確實攝取有助於增加細胞膜彈性的Omega-3脂肪酸，能使大腦有效發揮運作。

此外，接受器本身如果結構不正常，無法順利接住化學分子，往往因而造成失誤。由於接受器的成分是脂肪，能夠使細胞膜充滿彈性的Omega-3脂肪酸，便顯得非常重要。

改變飲食，就能改變大腦

如同前面所說的，大腦具有各種專司思考與記憶的物質和部位。希望各位記住，這些**大腦的物質和部位都是由每天所攝取的食物所構成的**。

「工欲善其事，必先利其器」。如果希望大腦的運作順暢，提升腦部的工作品質是很重要的。

另外，工作時使用的工具材質是否優良，也會影響工作進行。請各位家長務必幫孩子準備好的工具，也就是一個好大腦！

下一章開始，我們將會整理兒童各個成長階段應當積極攝取的營養素，並且介紹幾種不同對大腦開發有益的食譜，各位可以加以參考，自行調整日常的飲食習慣。

第 2 章

【嬰兒期・副食品期】

爲大腦開發打好基礎的飲食重點

嬰兒期最需要的營養素

前面提過，我們思考時，大腦的神經迴路會快速地傳遞訊號。大腦的神經迴路在傳遞訊號時，又是什麼樣的情形呢？

如果將頭腦比喻為一個小房間，神經迴路就像是在這個小房間內塞入許多錯綜複雜的電線。成人大腦平均約有5000億個神經細胞。實際的數量則因人而異。

在開發度高的大腦中，這些「電線」往往會延伸得非常長，並且呈現密集交錯的狀態。密集的神經迴路可增加傳遞訊息的速度。因此，愈是聰明的人，大腦神經細胞就愈錯綜複雜。

Omega-3脂肪酸、DHA的重要性

那麼，神經迴路密集的人和疏散的人之間的差異是如何產生的呢？

人類在生成肌肉與骨骼時，會從食物中取得成長所需的必要養分，並且藉由運動等刺激促進發育。同樣的，大腦也會攝取大腦所需的必要營養素，並且透過學習等刺激，促進發育。

如同前述，出生後至一歲半左右是神經細胞密集發展最顯著的時期。也就是說，在大腦隨著身體發育不斷地發展的這段時期內，如何確實攝取成長所需的養分，是相當重要的課題。

第1章中曾提及必須積極攝取必要的營養素，也就是**能幫助大腦神經細胞生長的脂肪，以及屬於Omega-3脂肪酸的DHA**。

前面提過，大腦的脂肪佔了60％，其中約有20％是DHA。攝取DHA可以幫助大腦神經細胞的生長。DHA是人類一輩子常保大腦健康的必要成分。

根據英國牛津大學的研究結果顯示，攝取ＤＨＡ，可幫助大腦吸收營養**提升讀書效率！**（參照下頁圖表）。

此外，ＤＨＡ也能夠幫助活化高齡者腦部，使其維持正常，因此常居營養食品銷售排行榜。

富含ＤＨＡ的海鮮類

與大腦發展相關的ＤＨＡ富含於「海鮮類」當中。這是因為ＤＨＡ原本來自於棲息海洋中的浮游生物。

因此，食用浮游生物長大的海鮮類，多少會含有ＤＨＡ。

一般認為，魚肉當中含有特別豐富的ＤＨＡ。然而，其實僅限於**鮪魚肚**，以及**青鮒、秋刀魚、斑點莎瑙魚、鯖魚等青背魚的魚類**。

DHA 與神經細胞的關係

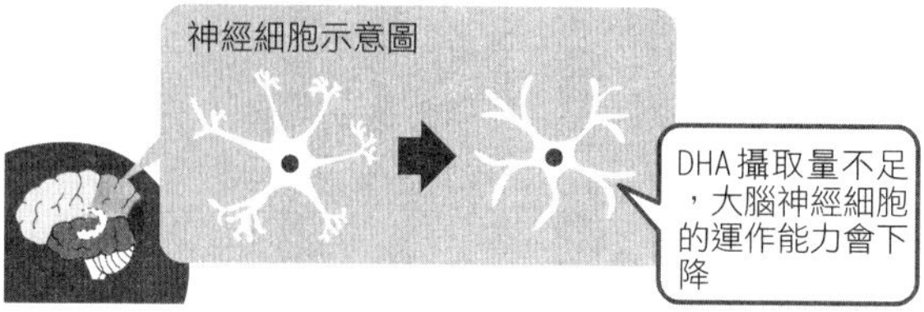

攝取 DHA 可以提升讀書效率！

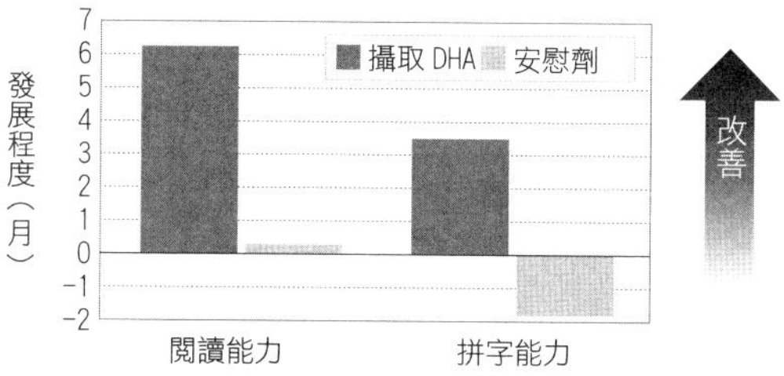

Richardson AJ & Montgomery P.Pediatrics,2005;115:1360-1366

由於DHA大多存在於魚類脂肪較多的部位，因此**脂肪含量較高的魚種**，所含有的DHA愈多。另外，魚類的脂肪含量也會受季節影響。以鰹魚為例，春季的鰹魚脂肪含量並沒有那麼高，秋季鰹魚的脂肪含量則較多。

嬰兒時期，能從母乳和配方奶攝取ＤＨＡ

如果聽到「ＤＨＡ是大腦發育所不可或缺的成分。因此，在大腦發育黃金階段的嬰兒期，必須積極攝取ＤＨＡ」，或許會有人疑惑「嬰兒要怎麼攝取ＤＨＡ呢？」

ＤＨＡ是海鮮類所富含的成分。在進入副食品時期之前，都是以母乳或是配方奶為主要食物的嬰兒，不可能藉由吃魚的方式來攝取ＤＨＡ。

因此，為了讓寶寶攝取到ＤＨＡ，選擇親餵母乳的媽媽可以多多攝取富含ＤＨＡ的食物，**讓母乳包含ＤＨＡ成分**。

當哺乳中的媽媽食用魚肉後，魚肉中所含有的DHA會被吸收到血液內，並且移轉到母奶中。可以的話，最好計畫**每天三餐之中，至少有一餐以魚肉為主食**。

然而，有一件事情，孕婦或是哺乳媽媽必須特別注意。

孕婦不得過度食用金槍魚類（鮪魚及旗魚）或是深海魚類（金目鯛等）。日本厚生勞動省亦設有攝取標準「以每週80g（標準約為5貫鮪魚握壽司）為限」。

這是因為金槍魚類與深海魚類，比其他小型魚類含有更多的重金屬「汞」。海水中所含有的汞，首先被浮游生物所吞食，浮游生物又會被小魚吞食，接著是中型魚、大型魚類、鯨類，因此越是大型魚種，體內所累積的汞含量就越高。嬰兒還沒有能力自行排除這些汞，因此孕婦或是哺乳中的媽媽必須特別注意。（編註：研究發現汞中毒與知覺障礙、腦部傷害或病變、神經系統損害等有關。）

食用魚肉時可選擇不同種類攝取，如竹筴魚或是沙丁魚等小型魚種，不需刻意選擇金槍魚類。

含有DHA的配方奶粉是強力隊友！

以配方奶哺育嬰兒的媽媽們，請務必確認配方奶粉的成分。雖然市面上販售的嬰兒配方奶粉種類繁多，不過**幾乎所有日本進口配方奶粉中的DHA都是採用貼近母乳成分的均衡配方**，可以安心使用。

此外，如果哺乳中的媽媽攝取的魚肉量較少，也可以幫寶寶補充一些配方奶粉。特別是在哺乳後半期，母乳內的營養會慢慢減少。除了DHA之外，為了讓寶寶均衡攝取成長所需的營養素，有時候也可以聰明利用配方奶粉，不需過度迷信母乳。

市面上亦有販售專門在副食品時期用來強化DHA的「**成長配方奶粉**」，可以依不同時期協助寶寶成長。

魚類每 100g 可食用部位中所含有的DHA含量比較（mg）

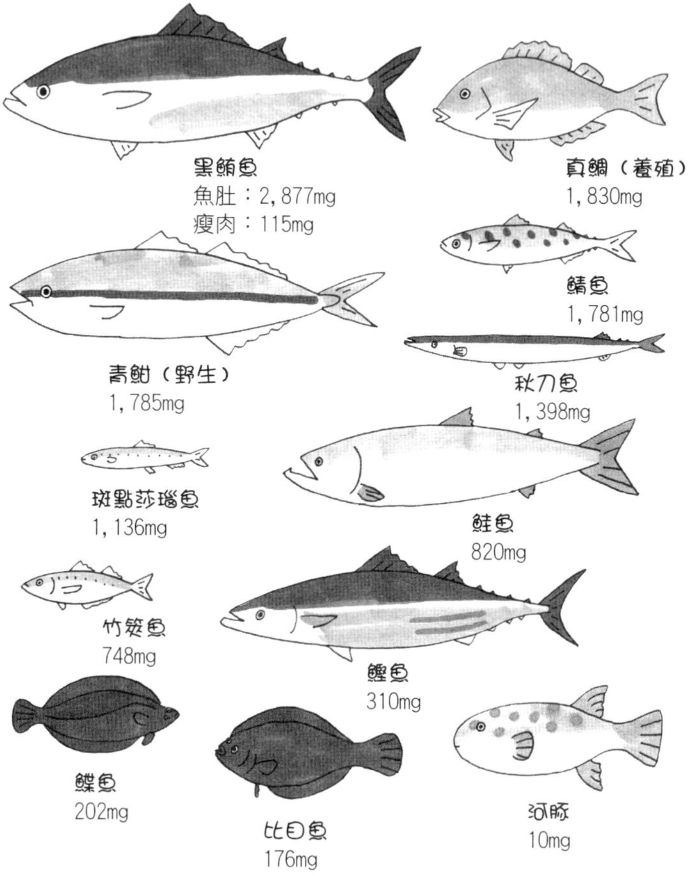

節錄自日本科學技術廳資源調查會編著之「日本食品脂溶性成分表」

依照嬰幼兒月齡，攝取合適的魚類副食品

寶寶長到六個月大之後，就可以開始接觸副食品。魚肉中含有能幫助大腦發展的DHA，請務必妥善運用在副食品的飲食中。

由於白肉魚較沒有腥味、也比較容易食用，因此適合作為寶寶第一次接觸的食用魚類。此外，當寶寶長到9個月左右，從媽媽身上取得的鐵質也已經消耗殆盡，這個時期可以開始補充鐵質含量豐富的紅肉魚。青背魚雖然富含DHA，但是容易腐壞、也容易造成蕁麻疹，因此應該在副食品的最後階段再行給予。

這邊希望各位特別注意的是，**魚肉可能誘發過敏**。原因在於，魚的肌肉當中含有「小清蛋白（parvalbumin）」，幾乎所有魚種都含有這種蛋白質。其次，魚類所含有的膠原蛋白也可能是引發過敏的原因之一。

不夠新鮮的魚肉很容易誘發過敏，若是加熱不完全，也可能造成過敏，因此務必選擇新鮮的魚肉，並確實加熱。

現代社會中，每10個嬰兒就有1個會遇到「食物過敏」。所謂食物過敏是指「食用或是飲用某項特定食物時所誘發的反應」。容易造成過敏原因的食物，主要有雞蛋、乳製品、小麥、海鮮類。主要的症狀通常是皮膚強烈搔癢或是濕疹。

第一次給予未曾餵食過的食物時，務必要先少量給予，並且觀察其生理狀況。此外，有疑似過敏的症狀出現時，切忌自行判斷，務必接受專業醫師的診斷。

在副食品方面，**應先從比較不容易誘發過敏的「白肉魚」↓「紅肉魚」↓「青背魚」的順序給予**食用。

六個月左右，可開始練習吃白肉魚開始！

在魚類蛋白質來源中，白肉魚是最不容易誘發過敏的食材。由於脂肪部分較少、容易消化吸收，所以適合作為消化器官尚未發展完善的嬰兒食用。一般來說，出生後六個月左右開始食用含有魚肉的副食品最為恰當。

白肉魚與紅肉魚的分類，取決於魚類肌肉中是否含有色素（肌紅蛋白，Myoglobin）。

一般而言，白肉魚的脂肪部位較少、味道較清淡。加熱後，肉質鬆軟，處理容易，因此可作為副食品中的蛋白質類來源。

舉例來說，像是鱈魚、鰈魚、比目魚、鯛魚、日本花鱸、日本叉牙魚、飛魚、鮭魚、鱒魚等都屬於白肉魚。鮭魚與鱒魚乍看之下像是紅肉魚，其實是因為含有名為類胡蘿蔔素（carotenoid）的色素，使得外表看起來像是紅肉魚，實際上在水產養殖學的分類裡，這兩種魚都分類為白肉魚。

使用魚肉製作的副食品，適合 6 個月左右的孩子

烹調時間 15 分鐘

白肉魚南瓜泥（1 人份）

1. 利用微波爐將 10g 的白肉魚加熱，去除魚刺以及魚皮後，磨碎。
2. 將事先已加熱好的 15g 南瓜去皮及種籽後磨碎（可使用研磨棒或是食物調理機）。
3. 將白肉魚與南瓜混合，加入 1 大匙高湯，攪拌均勻。

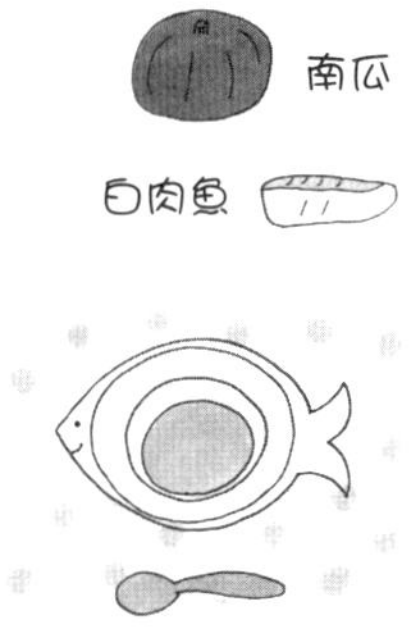

南瓜本身的橘色，若裝入小魚造型的容器，會顯得更可愛！

經常用於副食品的白肉魚有以下幾種：

■**鰈魚、比目魚**

脂肪較少，對寶寶來說比較容易食用，適合用來作為副食品。可於**出生後六個月左右**開始給予，屬於最適合作為初次接觸的白肉魚。

■**真鯛、鱈魚**

真鯛的脂質較少，容易食用，適合剛開始接觸副食品、**六個月左右**的寶寶開始食用。

鱈魚同樣也適合作為副食品，但根據統計，鱈魚誘發過敏的可能性較高。雖然鱈魚容易引發過敏的原因不

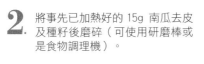

明，但如前所述，由於魚肉容易腐敗，這很可能就是容易造成過敏的原因。

市販的鱈魚通常以冷凍居多，因為鱈魚非常容易腐敗，容易造成過敏的原因。給予寶寶鱈魚時必須逐步少量給予，並且同時觀察寶寶的生理狀況。

經常可以在超市看到的銀鱈雖然名字當中也有「鱈」，卻是完全不同種類的白肉魚。銀鱈的脂肪含量非常高，容易造成消化系統的負擔，並不適合用於副食品。

■鮭魚、劍旗魚

鮭魚也是容易引發過敏的魚種。給予寶寶鮭魚時，請先確認寶寶已經習慣其他白肉魚、沒有異狀後再行給予。建議從**寶寶8個月左右**再開始。當然，給予時還是要觀察寶寶生理狀況，少量地逐步給予。

此外，鹹鮭魚的鹽分含量較高，不適用於副食品。可以選擇**未經加工的生魚**。

劍旗魚加熱後肉質容易變得乾硬，且由於脂肪較多，建議在寶寶8個月左右後給予，並將其弄散，以利食用。

使用魚肉製作的副食品，適合8個月左右的孩子

烹調時間15分鐘

香溜鮭魚片（1人份）

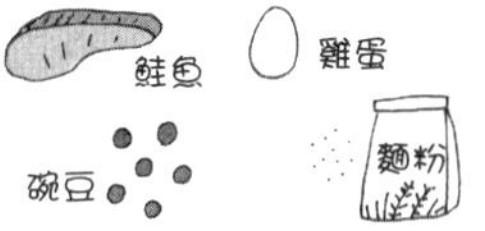

1. 鮭魚切成1/5大（30g）的薄片，撒上一層薄麵粉後，沾取少量蛋液。

2. 不加油，直接用平底鍋煎熟。

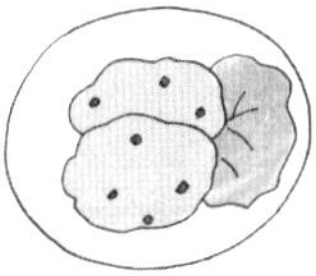

可以在蛋液中混入切碎的豌豆，使顏色更豐富，也能夠藉此攝取葉酸。

8個月左右，開始吃紅肉魚

說到紅肉魚，較具代表性的有鰹魚、青魽、鮪魚等。紅肉魚的特徵為脂肪較多、味道較為濃郁，加熱後口感會變得乾硬。

若想將紅肉魚用於副食品，可於**出生後7～8個月左右**開始使用鮪魚的紅肉、海底雞或鮭魚罐頭。

鮭魚雖然分類在白肉魚之列，但是和其他白肉魚比較起來，加熱後的口感較硬，因此在寶寶習慣肉質較為柔軟的鱈魚、鰈魚時，先讓寶寶食用肉質較硬的鮭魚做練習，之後寶寶也會比較容易接受紅肉魚的口感。

在烹調處理方面，可以採用水煮或是以麥年（Meunière，將魚沾麵粉下鍋油煎的法國式烹飪法）方式。也必須注意細小的魚刺，應去除魚刺後再與蔬菜等水份較多的食物搭配著一起食用，會更容易入口。

青背魚的魚肉可以從12個月左右，開始吃青背魚

青背魚有鯖魚、秋刀魚、沙丁魚等，是富含DHA的魚類代表。雖然因為豐富的DHA，非常推薦給予寶寶食用，但因為同屬容易引發過敏的食材，因此建議，最快也要等到**出生後12個月左右**才能開始用於副食品，並先觀察寶寶的狀態，再開始給予。剛開始時應先給予極少量，並且先試著使用脂肪較少的魚背肉，持續觀察寶寶的生理狀況。等寶寶習慣之後，再讓寶寶食用蒲燒秋刀魚或是沙丁魚漢堡等食品。

青背魚的魚肉脂肪較多，也容易氧化。因此，務必選擇新鮮的魚肉。此外，脂肪會對消化系統造成負擔，如果脂肪含量過多時，應控制攝取量，確認寶寶排便狀

使用魚肉製作的副食品，適合 12 個月左右的孩子

烹調時間 10 分鐘

昆布細絲拌竹莢魚（1 人份）

1. 在可微波容器內放入一大匙剁碎的竹莢魚肉，加上蓋子後微波 1 分鐘。

2. 仔細挑去魚肉裡的細刺後，將 15g 高麗菜切末，加入 1g 昆布，與魚肉混合均勻。

由於此時寶寶的腎臟還未發育完成，不宜使用含有鹽分的調味料。給予昆布也能補充礦物質。

態後，再繼續給予。

給予寶寶魚肉時，請參考以下狀態作為給予標準：

■5～6個月
↓加熱後，磨碎，以熱水稀釋

■7～8個月
↓加熱後，仔細壓碎，以熱水稀釋

■9～11個月
↓加熱後，大致壓碎

■一歲～一歲半
↓加熱後，切成牙齒或牙齦也可以壓碎的一口大小

魚肉含有各種營養素，能幫助大腦開發

為了幫助大腦發展，務必要讓寶寶多多攝取富含DHA的魚肉。魚肉除了含有可以幫助大腦發展的DHA，也含有身體成長所需的必要成分。

魚類與肉類，同樣是胺基酸均衡的優質蛋白質來源。

胺基酸均衡的重要性，將會在後續的章節做更詳細的說明。總之，即便攝取相同蛋白質的量，胺基酸均衡狀況較好的蛋白質的吸效果更好。

魚肉是低脂肪、低熱量的高蛋白質來源

蛋白質是組成肌肉與血液的材料，可說是建構人體最重要的營養素。大腦也是一樣的。前面提過，大腦的60％是由脂肪組成，剩下的40％多為蛋白質。

也就是說，**蛋白質也是建構大腦的重要材料**。

一提到優質的蛋白質來源，許多人都會先想到肉類。不過，魚肉中有些部分比肉類更為優秀，那就是**脂質含量較少**。

這個部分或許有些人會覺得疑惑。「脂肪明明就是建構大腦的重要材料，不是應該愈多愈好嗎？」

說得沒錯。不過，請各位回想一下前面有提到，脂肪攝取的重點不在量，而在

於質。

事實上，肉類所含有的脂肪屬於動物性脂肪，而動物性脂肪對大腦來說並不是有益的脂肪。**如果過度攝取肉類所含有的動物性脂肪，反而會使大腦運作僵化**。這個部分之後還會再詳細敘述，重點是避免過度攝取動物性脂肪。

魚類除了含有和肉類同等品質的蛋白質，魚肉的脂肪是屬於能夠幫助大腦充滿彈性的脂肪。另外，魚肉的脂肪含量和熱量都比肉類低，因此比起肉類，我建議各位多讓寶寶吃魚。

食用小魚，可同時攝取鈣質

前面我們依照嬰兒的月齡，介紹了一些建議給予寶寶食用的魚肉種類。在此，再推薦一種適合寶寶攝取的魚類，就是**魩仔魚等小魚**。小魚中除了含有DHA以及蛋白質等營養之外，由於食用小魚時會**連同骨頭一起食用，還可以因此攝取到豐富的鈣質**。

鈣質是俗稱「生命之火」的重要成分。是人類進行呼吸、血液流動等生命活動時必需的營養素。

誠如各位所知，鈣質是建構骨骼與牙齒的材料。因此，身體正在迅速發育的嬰兒比成人更需要鈣質。

比方說，**一歲嬰兒每日所需的鈣品質為**500mg。100ml成長配方奶粉中所含有的鈣質含量約為80mg，因此必須積極地從各種食材中補充。

小魚中含有豐富的鈣質，相當適合用來製作副食品。然而，要注意的是魩仔魚。為了提高保存性，往往會使用相當大量的鹽。如果想將魩仔魚用於副食品，**得先過熱水，去除大半鹽分後再行使用**。

嬰兒時期如果過度攝取鹽分，除了會對寶寶的身體造成負擔外，將來長大後也會偏好味道較濃郁的食物，容易損害健康，因此應該盡量避免。

魚肉含有維生素D，能幫助吸收鈣質

接著要解說另一種能幫助營養吸收，與寶寶的成長極為相關的營養素。魚肉當中含有豐富的**維生素**D。

或許平常較少聽見關於維生素D的討論。維生素D可以提高鈣質的吸收率。**如果想要強化骨骼，光是攝取鈣質是不夠的，必須同時攝取鈣質與維生素**D。

可以同時攝取到鈣質與維生素D的簡單組合菜色有「芝麻鮭魚飯糰」、「小松菜燉奶油野菇」、「鯖魚紫蘇起司春捲」等等。

烹調時間 10 分鐘

使用小魚製作的副食品，適合 12 個月左右的孩子

魩仔魚酸梅粥（1 人份）

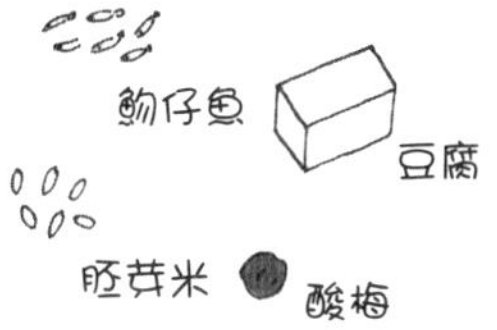

1. 將 5g 的魩仔魚煮熟。

2. 將胚芽米50g、魩仔魚、豆腐10g（用湯匙壓碎）、1/10 小匙酸梅（去核）放入容器內，加入 80ml 冷開水後攪拌均勻。

加入成長奶粉可以增加整體的鈣質含量，也能夠提升小魚的鈣質吸收率。

從這一點來看，小魚同時含有豐富的鈣質與維生素D，能幫助孩子**建構骨骼**。

此外，小魚亦可以維持血液中鈣質平衡。鈣質是建構強壯身體必備，同時也是讓大腦快速運轉所不可或缺的營養素，關於鈣質，後面還會再詳細敘述。

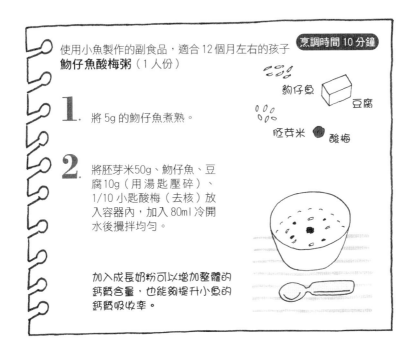

「美味高湯」是副食品的第一步

接下來要說明大腦發展時最重要的成分——ＤＨＡ，以及能減少ＤＨＡ流失的烹調方法。

在此將先脫離大腦開發的話題，說明寶寶初次接觸的飲食——副食品的意義。

寶寶具有比成人更敏銳的味覺

給予寶寶副食品時，會不會有一種「寶寶就像美食家」的感覺？喝母奶或是配方奶、吃甜甜的南瓜時乖乖的，但遇到不喜歡的蔬菜，就算只有一小口，也會突然變臉，或是立刻吐出來。

就算想要讓寶寶多吃點蔬菜，將煮好的蔬菜仔細切碎後，偷偷放入寶寶喜愛的白稀飯內，寶寶卻總是立刻發現而拒吃。很多人應該都有過這樣的經驗吧？大人品嘗味道時並沒有感受到蔬菜的苦澀味，但寶寶卻會發現。

這是因為**寶寶對於味道的敏銳度比成人高出5倍**。

人類會藉由分布在整個舌頭上，稱為「味蕾」的味覺細胞收集訊息，並從中判斷味道。味蕾可以感受到「甜味、苦味、酸味、鹹味、鮮味」等5種「基本味道」。然而，味蕾會隨著年齡增長而逐漸減少。

相對於嬰幼兒時期約有一萬個，成人約只有兩千個味蕾。隨著年齡增長，進入中老年時，許多人會偏好濃郁的調味，也是這個道理。味蕾比成人多出5倍的寶寶，即使飲食的調味清淡，也會覺得非常好吃。

如果在嬰兒期就習慣高鹽分…

此外，從孩子嬰兒期到成為小學生為止的這段期間，是記憶各種味道、開發味覺的時期。因此這個時期可以引導孩子學習正確的飲食習慣。正確飲食的第一步，就是**副食品的調味要盡量清淡**。

如果從寶寶時期開始，就與成人同樣攝取鹽分過高的食物，會逐漸習慣鹹味，未來就會偏好鹽分較高的飲食。因此請務必注意維持飲食清淡，培養寶寶正確的飲食習慣。

另外，食品添加物的刺激，也是擾亂寶寶味覺的原因之一。

因此，各位每天在準備飲食時，應該特別重視**「高湯」**。烹調時，如果能夠妥善利用鮮美的高湯，就幾乎不需要再添加任何鹽分。

「簡易高湯」的製作方法

*鰹魚高湯
將 1 大匙鰹魚片（柴魚片）放入茶葉篩網，注入 200ml 熱水。

*昆布高湯
在放有 1 片昆布（3cm寬）的容器中，注入 200ml 熱水，並且浸置 30 分鐘以上。亦可放置冰箱一晚，再將水濾出使用即可。

*小魚乾高湯
將 2 條小魚乾（6g），去除頭部以及內臟後，浸置於 200ml的水中 30 分鐘。開火煮 5 分鐘後，濾掉小魚乾。

讓寶寶體驗高湯的鮮美

此外，若孩子從小知道食材真正的風味，並且用舌頭去記憶鮮美的味道，長大後就能夠判斷化學添加物及食物原有鮮味的不同。

話雖如此，要一個正照顧幼兒的家庭每天熬煮高湯並不容易。

因此，請務必牢記上圖的**「簡易高湯」製作方法**。

如此一來，準備起來會相當輕鬆簡單，即使將高湯放入冷凍庫，也可以保存2～3天，想要使用時就可以立即順手拈來，實在方便！不過，如果擔心食物中毒，則建議使用剛做好的新鮮高湯。

避免「過度努力」，孩子才不會偏食

在對家長們進行副食品相關衛教說明時，筆者身為營養師，一定會提到寶寶所需的必要營養，例如蛋白質的理想攝取的量等等。

這些內容都是從營養學的角度來看，並經過驗證，以寶寶的健康及未來成長為重心，進而希望家長們可以自己動手製作副食品。

另一方面，也希望各位家長不要忘記一件事，就是**必須要用愉悅的心情進食，才能夠讓身體確實消化吸收，並且轉化成為建構身體的營養**。

即便營養學上已設定好某些營養素的標準攝取量，但要是根據標準強迫孩子食用，甚至因此發怒，反而會影響營養的吸收。因為沒有什麼會比邊哭邊吃東西更悲慘了！

大家都希望孩子能夠不偏食，因為不偏食的孩子能夠均衡攝取到營養，製作飲食時也會變得比較輕鬆。

不過，既然寶寶不願意吃，勉強寶寶食用反而會加深寶寶對於食物的厭惡感，造成反效果。

抱持「今天如果沒有吃，那就明天再試試看吧」的心情，輕鬆地面對，才是預防孩子未來偏食的重點。

寶寶喜歡母乳或配方奶的甜味

開始給予副食品之前，寶寶每天喝的母乳或是配方奶，有著寶寶習慣的甜味。

味覺中雖然有「酸」、「甜」、「苦」、「鹹」等等，其中**「甜味」是人類本**

能上喜愛的味道，也是可以藉此感受到安心的味道。

相對於此，「酸」、「苦」則是人類本能**會感受到危險的味道。酸味會讓人覺得食物「腐敗」，苦味則是讓人警覺食物可能「有毒」**。隨著長大成人，累積各種不同的飲食經驗後，才漸漸不再覺得酸味、苦味中可能藏有毒害，甚至可能進而喜歡上這些味道。

因此，突然給予寶寶帶有苦澀味道的蔬菜或是酸味重的水果，寶寶會拒吃也是理所當然的。因為這是人類的自我防衛本能。

雖然建議可以給予寶寶食用小松菜或菠菜等營養價值高的蔬菜，但是如果只採取汆燙等和成人習慣的烹調方式，寶寶可是不會買單的。必須多下一點功夫，例如：可以**和一些甜味較強的食材混合後再給予寶寶食用**，例如香蕉等水果。

善用副食品，讓寶寶體驗到「吃東西的樂趣」

給予嬰兒副食品，有一個很重要的目的，那就是要讓寶寶覺得「吃東西是很開心的事」。

攝取蔬菜或是魚肉的營養，對於寶寶的大腦發展與身體發育都非常重要。另外，還有一個重點，就是要讓寶寶體驗到吃東西這件事情「很開心」。這個時期如果被強制灌食，寶寶就會開始對吃東西產生義務感或恐懼感。未來孩子可能因此無法學會如何攝取維持健康的必要營養，也無法建立正確的飲食習慣。

各位家長即使看到自已拚命努力準備的副食品剩下一大堆，或是被寶寶吐出來，也請別急著生氣，明天再試著挑戰其他的食譜吧！別忘了，對寶寶而言，最棒的心靈養分，就是家長的笑容。

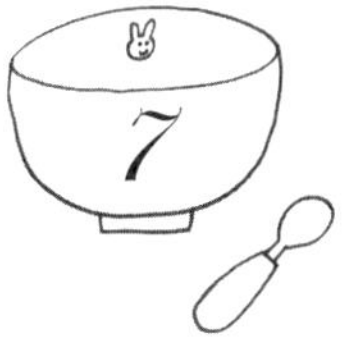

小心鹽分過量

接下來，還有一個副食品必須注意的重點。

就是「**避免過度攝取鹽分**」，先一點一點地開始接觸。

許多人或許會有「只有在意高血壓的中高年齡層才必須控制鹽分攝取量」樣的迷思。

由於寶寶的內臟器官還在發育。比起成人，寶寶處理鹽分的能力還很弱，因此過多的鹽分會造成寶寶腎臟的負擔。

那麼，攝取多少的鹽分適當呢？

事實上，寶寶需要的鹽分少得令人驚訝！

寶寶每日的鹽分建議攝取量，大約是3分之1茶匙

日本厚生勞働省每5年會發表一次「日本人的飲食攝取標準」，根據二〇一五年版本，每日的鹽分攝取標準為「0～5個月應低於0．3g，6～11個月應低於1．5g，1～2歲男孩應低於3．0g，女孩應低於3．5g、3～5歲男孩應低於4．0g，女孩應低於4．5g」。

副食品期，寶寶的攝取標準1．5g究竟是多少呢？各位能夠立刻想像得出來嗎？1．5g大約只有3分之1茶匙（小匙）。

製作副食品時，原則上最好**不使用鹽巴**。成人的舌頭可能會因為感受不到鹹味而覺得太淡，但是寶寶的味蕾數量比成人多5倍，即使味道清淡，對寶寶而言已經

足夠了。

此外，**為了讓寶寶品嘗食材原本的味道，幾乎不需要再額外添加鹽巴**。

出生後7個月左右，每一次的飲食中可以使用極少量，約0.1g左右的鹽巴。出生後9個月左右可以使用0.2g、一歲約為0.4～0.6g左右。如果是由營養師設計的寶寶專用副食品食譜，當然可以安心製作，家長只要注意控制鹽分的添加即可。最需要留意的是**從成人食物中分食**的部分。

筆者曾聽過有人直接把成人的食物拿給寶寶吃，覺得「這樣就不用特意做副食品了」。例如吃火鍋時，覺得火鍋裡面的豆腐或蔬菜好像是寶寶可以吃的食物，於是就從原本是給大人吃的火鍋內撈出來壓碎，直接餵給寶寶吃。

這是絕對不可以的！一份什錦火鍋的湯汁中，大約含有5～6g的鹽分。如果分食給寶寶，一碗中就會有將近1g的鹽分。直接達到單日的鹽分攝取量。

如果想要直接利用大人的飲食，改製成寶寶的飲食，可以在調味之前先將寶寶的部份分裝到其他鍋子裡。寶寶的部分不需要調味，或只要清淡調味即可。大人的部分再另外調味。

現代成人往往會過度攝取鹽分。根據日本厚生勞働省針對成人所發表的每日鹽分建議攝取量標準為：18歲以上的男性應低於8g、女性應低於7g。現今幾乎所有人的攝取量都會大幅超過這些數值吧。甚至外食時，也經常會遇到連成人都覺得「好鹹」的飲食。

如果將成人的餐點直接給予寶寶食用，鹽分絕對會超標。請特別注意！

此外，成人也可以跟寶寶一起減鹽，全家人一起變健康！

第 3 章

【幼兒期　一歲半～五歲】

促進孩子大腦與身體健康成長的飲食重點

1

確實攝取蛋白質，幫助大腦與身體發育

原本只喝母乳或配方奶渡過每一天的寶寶歷經副食品時期，到了一歲半後就可以接觸各種不同的食物了。

這個時期，寶寶的身體變得更加強壯，行動範圍開始擴大，能夠接收的刺激也會跟著增加。對寶寶而言，接受外來的刺激有助於腦部發育。由於神經細胞會不斷地發展，因此必須持續且確實攝取成長所需的營養素。

然而，在第2章中曾經提過「建構大腦的要素中有60％是脂肪。必須攝取優質的脂肪」。另外也提到過，大腦剩下的40％主要是由蛋白質構成。

說到蛋白質，大家都知道蛋白質是用來建構肌肉、血液、內臟、毛髮等器官的營養素。蛋白質也具有保護身體不受到細菌或是病毒威脅的力量。不論是大腦或是身體，蛋白質都是幫助孩子健康成長的必備營養素！

蛋白質的英文是「protein」，**這個字的語源是希臘文的「protas」也就是「最重要」的意思**。看來，從很久以前人們就知道蛋白質是維持生命最重要的營養素了。

攝取蛋白質有助神經傳遞物正常運作

蛋白質是建構大腦的營養素，同時也是構成在神經細胞之間互相傳訊交流的神經傳遞物的材料。

如同第1章中所說，大腦會分別將眼睛所見、耳朵所聞的訊息移動到可以進行「思考」、「記憶」等處理的位置。

這種訊息的移動是以一種類似「傳接球」的方式在運作，而扮演那顆球的就是神經傳遞物。

當球的數量多時，思考就會變得敏捷，記憶力等也會隨之提升，大腦的運作狀態就會變得比較好。

神經傳遞物有以下幾種：掌管幸福感的「血清素（serotonin）」、掌管活力與快感的「多巴胺（dopamine）」、與衝勁及判斷力相關的「去甲基腎上腺素（noradrenaline）」、與記憶相關的「乙醯膽鹼（Acetylcholine）」等。神經傳遞物會因種類不同，而有運作上的差異。

表示優質蛋白質狀態的「胺基酸分數」

神經傳遞物的材料是蛋白質，大腦由胺基酸合成神經傳遞物，必要的**「酵素」**也是來自於蛋白質。

從食物攝取至人體的蛋白質會經由消化酵素分解成為胺基酸，再隨著血液流動傳送至身體的各個器官。傳送至大腦的胺基酸會以不同的形式，並且經由反覆代謝，合成神經傳遞物。

然而，針對脂肪，我們先前說明過「品質」的重要性。在攝取脂肪時，盡可能攝取優質的油脂。蛋白質也一樣，「品質」非常重要。

各位是否經常聽到「攝取優質蛋白質」的說法？蛋白質的「品質」指的是什麼？又該如何區分呢？

所謂優質蛋白質，指的是與建構人體的蛋白質（胺基酸）結構相近，可以在人體有效合成的蛋白質。具體而言，用來表示蛋白質品質的就是「**胺基酸分數**（Amino acid score, AAS）」。

「胺基酸分數」是用來將食物所含的必需胺基酸均衡狀態數值化的數字。

胺基酸，分為可以在人體合成的胺基酸以及無法在人體合成的胺基酸，無法在人體合成的胺基酸，只能從食物中攝取，稱為「**必需胺基酸**」。

必需胺基酸共有9種，一項食物中可能僅含有這9種當中的某幾種，也有可能含有所有種類。

胺基酸分數越高，蛋白質含有的必需胺基酸愈多，愈能夠有效建構肌肉與大腦。

胺基酸分數較高的食品有哪些？

胺基酸分數的上限為100，數值越高，表示食物當中含有的必需胺基酸愈均衡，可視為營養價值較高的食物。

這是因為食物內的必需胺基酸含量不等。當同時有含量較高和含量較低的胺基酸存在時，人體會以較低含量為基準。也就是說，即使該食物非常突出、含有大量的必需胺基酸，也有可能完全沒機會被吸收就又被排出體外，白白浪費了。

胺基酸分數範例

胺基酸分數 100

鮮奶 優格 雞蛋 鮪魚 雞肉 豬肉
牛肉 鰹魚乾 竹莢魚 沙丁魚

胺基酸分數 99-90

鮭魚 98 秋刀魚 96
豆腐 93 毛豆 92 豆腐渣 91

胺基酸分數 89-70

豆漿 86 大豆 86 蝦 84 蛤蜊 81
花椰菜 80 韭菜 77 烏賊 71

胺基酸分數 69-60

鷹嘴豆 69 四季豆 68
豌豆 68 南瓜 68
馬鈴薯 68 碗豆莢 67
米 65 豬肉香腸 63

胺基酸分數 59 以下

杏仁 50 菠菜 50
番茄 48 玉米 42
小麥 37

因此，選擇**「胺基酸分數接近１００的食物」**，對於孩子的成長發育非常重要。說到胺基酸分數１００的食物，就會想到「肉」和「魚」。這些食材都是「優質的蛋白質來源」。

此外，在每日攝取的蛋白質份量（建議量）方面，1～2歲為20g，3～5歲為25g。肉類方面雖然會依種類或是部位而有所不同，不過成人的標準大約是１００g。

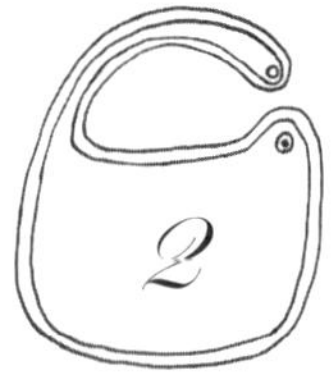

健康吃肉的關鍵在於「去除脂肪」

「肉類」是胺基酸分數１００的優秀蛋白質來源，也是我們應該積極攝取的食材。

然而，蛋白質可以大致分為兩種。

這兩種也就是大豆等**植物性蛋白質**，以及肉類等**動物性蛋白質**。兩種都各有優缺點。植物性蛋白質的胺基酸分數雖然比動物性蛋白質來得低，但是脂肪含量較低，膳食纖維較多。肉類等動物性蛋白質的優點在於人體的吸收效率較好，缺點則是需要注意是否過度攝取脂肪。

此外，動物性蛋白質的脂肪問題不只是「量」，「質」也是個大問題。雞肉、豬肉、牛肉等動物性脂肪所建構的脂肪酸，稱為飽和脂肪酸，被視為造成大腦僵化的元凶之一。

另一方面，魚類中所含有的ＤＨＡ含有能加速大腦運作的不飽和脂肪酸，能讓大腦細胞充滿彈性。雖然同樣是「肉」，和攝取肉類對大腦的影響截然不同。

再複習一次大腦運作的架構吧：

大腦運作時，在腦部循環的神經細胞會像玩傳接球般，利用神經傳遞物進行訊息傳遞（參照P. 24）。

將那些被來回傳接的神經傳遞物當作投接球的球，用來接球的接受器視為棒球手套，應該會比較容易理解。為了確實接到神經傳遞物，接受器必須能夠自由來回運動。接受器周圍的細胞膜如果彈性不足，當然無法靈活地來回運動了！

細胞膜的彈性度，取決於細胞膜中所含的脂肪種類。

通常，若大腦細胞內**含有大量的**ＤＨＡ、Omega-3**脂肪酸等不飽和脂肪酸**，**大腦細胞會顯得比較有彈性**。相反的，如果是含有肉類脂肪等飽和脂肪酸的大腦細

細胞膜與神經傳遞物（血清素等）接受器的關係

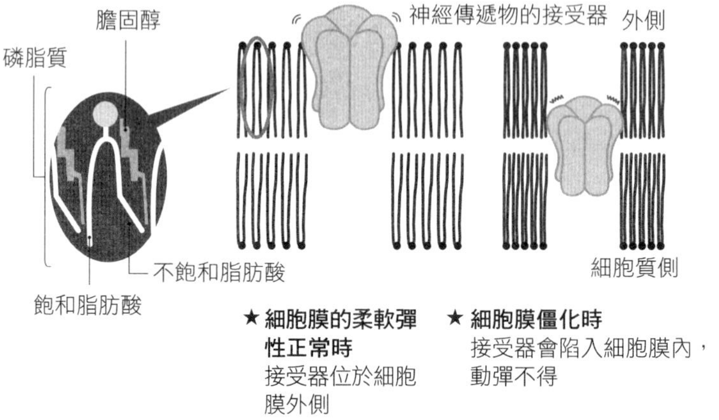

參考中川八部、葛西奈津子所著《培育孩子大腦的營養學》（京都大學學術出版會，2005年）之內容製圖

胞則會比較僵化。

上圖呈現的是細胞膜與神經傳遞物的關係：細胞膜上堆積排列著稱為「磷脂質」的脂肪酸。因此，飽和脂肪酸和不飽和脂肪酸的多寡，會直接影響細胞膜的彈性。

飽和脂肪酸的構造呈現毫無間隙的直線狀，因此脂肪容易堵塞，使需要來回移動接收訊息的接受器動彈不得。

另一方面，不飽和脂肪酸的構造則呈現彎曲排列，當不飽和脂肪酸較多時，就會產生空隙，就像是加了緩衝墊般。這樣一來，接受器便可以自由運作。

因此，如果過度攝取飽和脂肪酸，會使得大腦的運作變得遲緩。

優質蛋白質的肉類選擇

希望攝取含有優質蛋白質的肉類，但又不想過度攝取肉類中所含有的飽和脂肪酸……如何才能一次滿足這種矛盾的願望呢？其實有兩種方法。

一種是在同一種肉類中，**選擇脂肪較少的部位**。比方說，雞里肌肉所含的脂肪和雞腿肉比起來就有相當大的差異。

由於雞里肌肉的脂肪較少，盡量選擇脂質較少的部位，更能確實攝取蛋白質。

然而，這些脂肪較少的肉類也有缺點。脂肪較少的肉類通常口感較柴、偏硬，有些時候並不適合給孩子食用。即使再怎麼營養，如果孩子無法喜歡、不覺得好吃，也是枉然。

肉類口感較柴的問題，可以在烹調方面多下一點功夫，就能讓孩子比較容易食用。

比方說，脂肪較少的雞胸肉等肉類，如果用平底鍋煎烤會容易變硬，可以採用**低溫、長時間緩慢加熱**的方式烹調。腿肉則可以採用燉煮等以低溫、長時間加熱的方式烹調。

烹調時，將肉類用鳳梨或洋蔥等含有酵素，可以分解肉類蛋白質的蔬果汁醃過，或是加入鹽麴、味噌、優格等發酵食品，都可以讓肉質變得比較柔軟。

推薦各位煮一壺紅茶，即可立即作為浸漬的醬料。因為紅茶中所含有的澀味成分——單寧酸具有分解脂肪的作用。

此外，也很推薦採用將里肌肉或雞胸肉與醬料及蔬菜攪拌後一起食用的烹調方法。

適合 3 歲左右的孩子
脂肪較少、美味多汁的肉類食譜
軟嫩多汁的優格雞肉捲

材料（雞肉捲 1 條）
雞胸肉 ………… 1 片
(A)原味優格 … 1 大匙
(A)砂糖 …… 1/2 大匙
(A)鹽 ……… 1/2 小匙

1. 雞肉去皮，用叉子在表面戳洞。先在保鮮袋中將(A)攪拌均勻，再放入雞肉，靜置於冰箱醃漬半天以上。

2. 將⑴捲起，以保鮮膜包裹，兩端用橡皮筋捆起住後，放入有夾鏈、較厚的保鮮耐熱袋中，擠出空氣後，拉上夾鏈。

3. 煮沸一鍋熱水，將⑵直接放入煮 15 秒，關火蓋上鍋蓋，放置 2 小時（也可以用毛巾包裹，維持保溫狀態）。

4. 於冰箱靜置 6 小時後即完成。可以在冰箱保存 1 週。

5. 切片盛入容器，再擺上番茄或生菜裝飾即可。

雞肉捲完成後，還可用來做三明治或是沙拉，相當方便！

為了避免過度攝取肉類的飽和脂肪酸，反向選擇脂肪較多的部位，在烹調過程中，**將多餘的脂肪去除**，也是一種方法。比方說，可以用網烤，或是使用涮、汆燙等方法，不但能保留食物的美味，也能去除多餘的脂肪。

膳食纖維能妨礙脂肪吸收，因此可以採取將肉類和番薯一起食用，或是以「生菜包烤肉」、「蘆筍肉捲」、「涮豬肉牛蒡沙拉佐柚子醋」等方式，與膳食纖維豐富的蔬菜同時攝取，即可預防過度攝取動物性脂肪。

不善烹飪也沒關係，簡單煮出好吃的魚

第2章中，我們曾經建議應該積極攝取可以活化大腦、富含DHA的食材——魚類。魚類與肉類同樣具有優質蛋白質，都是對人體非常有益的食材。

攝取魚類，可以同時獲得大腦所需的DHA與蛋白質。為了建構出靈活聰明的大腦，希望各位能夠經常食用。

近年來，在有小孩的家中，魚肉料理出現的頻率卻越來越低。

通常源自於「魚肉處理起來麻煩」、「孩子不喜歡吃」等兩大理由。針對這2點，以下將介紹各位一些孩子喜歡吃、製作起來輕鬆又簡單的魚肉料理。

購買處理過的魚片或是生魚片，省去麻煩的處理手續

經常聽到有人說「煮魚肉料理太麻煩了！」

的確，如果購買的是整隻竹筴魚或是秋刀魚，還需要有一點處理的技術才行。煮完魚後，整個房子都充滿了魚腥味，處理完後還必須善後、處理廚餘、清潔……一想到就覺得麻煩。

不過，現在的超市通常都會販售已經切好的各種魚片，如果使用這類食材，就不需要擔心麻煩的事前處理或是討厭的廚餘。此外，魚刺也幾乎都已經去除，孩子們食用時也不需太擔心。

另外，**直接使用生魚片**，也不失為一種解決辦法。購買整片的鮭魚或是鮪魚生魚片，只要加熱烹調即可。

烹調時間 25 分鐘

適合 3 歲左右的孩子
使用魚片的簡單食譜
湯頭美味的魚肉料理
馬賽魚湯風味（4 人份）

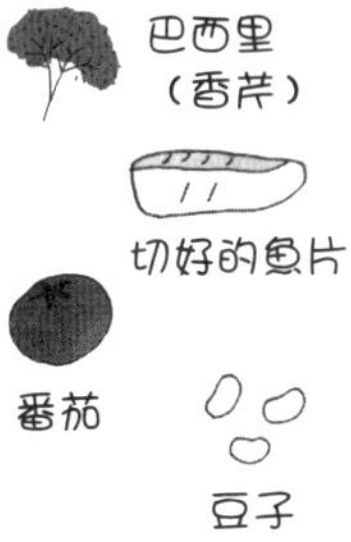

1. 將 400 至 500g 喜歡的魚片（鮭魚、赤魚、鱈魚等）放入 500ml 水中，加入 1 大匙鮮味雞粉混合後，再放入 1 罐（295g）水煮番茄罐頭（如果孩子不喜歡吃魚，可以在魚片上撒咖哩粉）。

2. 盛至容器，撒上巴西里（香芹）。

加上豆類，可以促進大腦發展。一起烹煮後，豆子會吸收魚肉精華，而變得更加美味。剩下的湯頭也要喝到一滴不剩，才能完整攝取DHA、EPA！

讓孩子喜歡吃魚，重點就在「消除魚腥味」

通常孩子們「討厭吃魚」的理由都是因為「魚腥味」。魚肉如果沒有好好處理，的確容易產生魚腥味，因此必須確實做好事前的處理。

消除魚腥味的重點，是**用廚房紙巾確實去除水氣**。在魚肉上撒鹽，靜置約10分鐘，魚肉就會開始出水。

這些血水中含有魚肉的腥臭一味成分，所以要先確實去除。另外，也可以在烹調方法方面多下一點功夫。例如：**用鮮奶浸漬，或是妥善運用咖哩粉、番茄醬、味噌、味醂**，以消除腥臭味。

當魚肉不夠新鮮時，腥臭味會更加強烈。請各位盡量前往販賣新鮮漁貨的店家，購買新鮮的魚肉。

妥善運用罐頭等加工食品，魚肉料理做起來更輕鬆！

「有沒有更容易讓孩子吃魚的方法呢？」在此推薦提出這個問題的人，可以使用**罐頭**或**加工食品**。

遇到因為忙碌而無法採買時，罐頭或加工食品可以幫上不少忙。魚肉罐頭因為已經加工成容易食用的狀態，魚刺也已去除，所以不再需要再做任何處理。我們可以從這些加工食品中獲得充分的蛋白質或是DHA，不需要拘泥於生鮮魚肉。

即使是忙碌、容易令人措手不及的早餐，也可以藉此讓孩子確實攝取到魚肉！請在廚房裡儲備一些罐頭或加工食品吧！

由於DHA具有容易隨油脂流失的特性，因此**使用海底雞或是油漬沙丁魚罐頭時，建議採取連同罐頭湯汁一起烹調的方式**。

建議可以添購儲備的食材

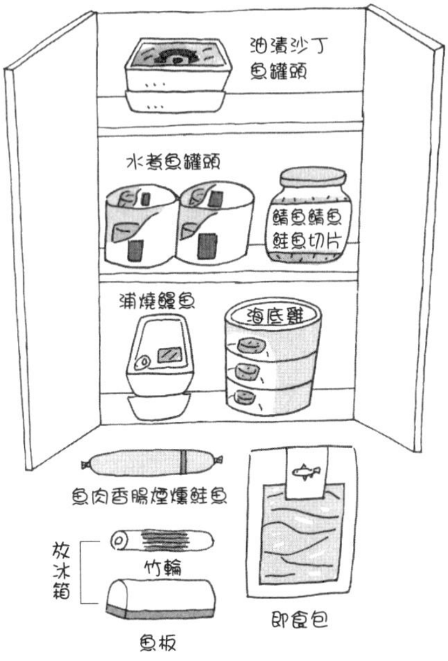

魚板、竹輪或是魚肉香腸等在加工時往往會使用一些令人擔心的添加物。選擇這類食品時，請仔細確認包裝，盡量挑選添加物較少的食品。

使用儲備食材製作，適合 3 歲左右的孩子

魚肉香腸櫻桃壽司捲

烹調時間 25 分鐘

材料（2 人份）

魚肉香腸	2 根
（壽司飯）白米	1 杯
（壽司飯）壽司醋	2 大匙
白芝麻	1.5 大匙
菠菜或小松菜（事先水煮）	50g
海苔片	3 張

1. 將白米飯煮得稍硬，加入芝麻和壽司醋，用筷子均勻混合。

2. 其中 1 張海苔片直接整張使用。剩下 2 張縱向對半切開備用（剩下 1/2 片不用）。

3. 先在壽司捲簾上鋪好一整張海苔片，左右各留 3cm，再將⑴的壽司飯均勻鋪平。中央部位用壽司飯做成小山。

4. 在切半的海苔片兩端放上魚肉香腸，留下 2cm 左右當作櫻桃梗的部分再捲起。做出 2 根櫻桃梗後，放在⑶壽司飯小山兩側，在櫻桃梗外側空白的地方鋪上一些壽司飯，再放上波菜。

5. 利用壽司捲簾從兩側往內捲入，在波菜上均勻鋪上壽司飯後，蓋上切半後的海苔片，再用壽司捲簾壓實捲起。

試著挑戰各種不同的造型！

可以在馬鈴薯沙拉中加入「蟹味棒」，作為沙拉麵包的內餡！

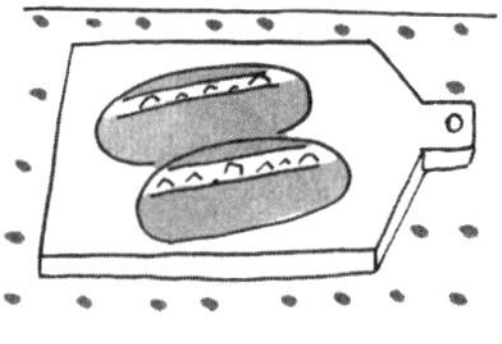

4 家中常備蛋白質豐富、保存容易的大豆製品

還有一種與魚肉加工食品並列、非常建議各位在廚房常備的優秀蛋白質來源就是**「大豆（黃豆）」**。如果嫌等待大豆泡水復原後再煮太花時間，也可以直接使用水煮罐頭、真空包裝等已經蒸熟的大豆加工食品。

大豆的胺基酸分數（參照第69頁）為86。與100分的肉類比較起來，數值雖然低了一些，但是大豆的營養價值未必比肉類差，反而擁有許多和肉類截然不同的優點。

雖然肉類的胺基酸分數較高，但是如果偏頗地攝取動物性蛋白質，體質會因此偏向酸性、使得腸道內益菌減少、免疫力下降，變得容易疲勞，大腦的運作也會跟著變得遲鈍。

人體的氫離子濃度（pH，也就是酸鹼值）理想狀態為「弱鹼性」。當人體傾向酸性時，就會朝老化邁進。動物性蛋白質為酸性，如果過度攝取，容易變成酸性體質。

動物性蛋白質中幾乎不含**膳食纖維**，但是大豆中的含量卻非常豐富。大豆製品最大的優點是可以攝取到現代人多半容易缺乏，用以整頓腸道環境、抑制血糖值上升、預防肥胖所不可或缺的膳食纖維，同時還可以攝取蛋白質。

蒸大豆等大豆製品在植物性食物中的胺基酸分數特別高，也容易取得，因此非常建議食用。大豆製品能平衡人體的酸鹼值，亦含有代謝蛋白質所需的維生素B群，鈣質含量也很高，適合用來補充大腦的營養。

大豆加上醋、蔬菜、海藻、菇類、水果，能夠促進血液循環、幫助大腦活化。

對日本人而言，大豆食品是祖先自古以來的蛋白質來源。由於經常食用大豆製作的食品，像是豆腐、豆皮、納豆、味噌等食物，體內充分具備用來消化大豆蛋白質的酵素，可以減少消化吸收的負擔、也能夠減少營養流失。

此外，過度攝取肉類時必須注意肉類所含的大量飽和脂肪酸，由於大豆中所含的是不飽和脂肪酸，因此無需擔心。別過度偏愛動物性蛋白質，應該多多攝取植物性蛋白質，才是最理想的狀態。

只要用大豆取代餐桌上的一部分肉類，便能夠抑制飽和脂肪酸的攝取、預防肥胖！

大豆「卵磷脂」能夠活化大腦

大豆中所含有的不飽和脂肪酸──**「卵磷脂（lecithin）」**是建構細胞膜的重要成分，同時也稱為**「大腦的營養素」**，與大腦運作有著非常密切的關係。

幫助大腦活動的神經傳遞物之一、與記憶力相關的是**「乙醯膽鹼（Acetylcho-**

line）」。乙醯膽鹼的材料，其實就是卵磷脂。

缺乏卵磷脂時，用來作為神經傳遞物的乙醯膽鹼量就會減少，導致訊息傳遞不順，間接**成為記憶力下降的原因**。

為了培育出聰明活潑的孩子，多多攝取來自於大豆的卵磷脂，也是相當重要的。

與這些食材一起食用，效果加倍！

先前提過，植物性蛋白質的胺基酸分數比起動物性蛋白質低。不過，**只要同時攝取其他食材即可解決這個問題，並且建構完美均衡的胺基酸**。

大豆所含有的9種必需胺基酸中，有一種稱為**「甲硫胺酸（methionine）」**的必需胺基酸含量較少。不過，白米中卻有非常多的甲硫胺酸。另外，大豆成分中含量較多的必需胺基酸**「離胺酸（lysine）」**，在白米中反而很少。

也就是說，**同時攝取白米與大豆製品，不但可以彌補彼此所缺乏的必需胺基**

酸，還能調整必需胺基酸的均衡性。

自古以來，日本人會吃紅豆飯、五目飯（日式什錦炊飯），或是將大豆混在稀飯裡食用，或吃五穀飯、雜糧饅頭等，這正好符合營養學觀點上適合搭配一起食用的建議。

然而，由於植物性蛋白質較難吸收，最好與動物性蛋白質同時攝取。例如雞蛋拌納豆。

大豆製品除了營養，也方便保存。請務必常備在側，妥善運用於各種不同的料理當中。

用肉類搭配大豆製品製作的料理，適合 3 歲左右的孩子 烹調時間 30 分鐘

豆腐漢堡

1. 將洋蔥切丁，淋上沙拉油後，以微波爐（600w）加熱 5 分鐘。

2. 將油豆腐壓碎，與(A)的材料混合、攪拌均勻後分成 4 等份，做出兔子的輪廓。

3. 將以沙拉油熱鍋後將(2)煎熟。

4. 盛入容器，利用火腿、起司、鴨兒芹裝飾兔子的臉部。

材料（4 人份）

- (A)油豆腐 ……………… 1 片
  （先以熱水煮過，去除油脂）
- (A)豬絞肉 …………… 300g
- (A)洋蔥（切碎）……… 1 顆
- (A)雞蛋 ………………… 1 顆
- (A)沙拉油 ………… 1 小匙
- (A)太白粉 ………… 3 大匙
- (A)鹽・胡椒 ………… 少許
- 火腿片 ………………… 4 片
- 起司片 ………………… 1 片
- 鴨兒芹 ………………… 少許
- 沙拉油 ………………… 適量

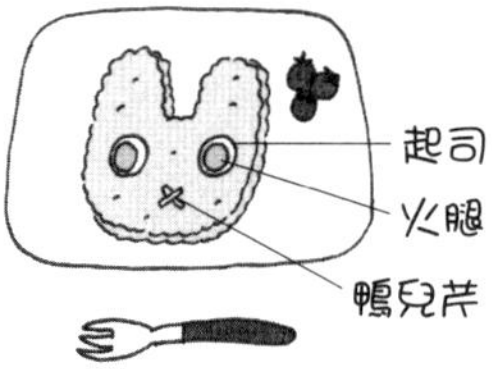

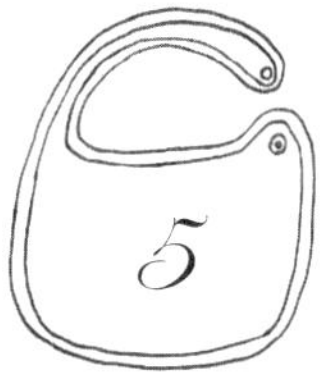

家中常備的雞蛋，是大腦開發的強力隊友

每次要介紹一些容易進行的「大腦開發食譜」時，我都會先提出**「五穀雞蛋拌飯」**這道菜色。

之所以會擺在第一個介紹，是因為我經常在演講當地的保健中心等處，聽見營養師們談論現今孩子們在家裡最常吃的早餐竟然是「香鬆拌飯」。小學生的飲食重點，之後會在第4章中詳細描述，但是**「香鬆拌飯」實在無法列入對孩子們的大腦有益的飲食**。當然，有吃早餐總比沒吃來得好，只是這樣的飲食並無法幫助大腦發展。

我可以理解家長們為何會選擇讓孩子們吃香鬆拌飯。畢竟，在忙碌的早晨，不需要太麻煩的烹調，就可以快速讓孩子脫離空腹狀態，的確相當方便。

既然如此，我想提出一個和「香鬆拌飯」所需時間、手續幾乎相同的建議，就是「五穀雞蛋拌飯」。

關鍵在於**「雞蛋」**。

雞蛋中凝聚了用來孵育雛鳥的營養，也匯集了建構人體所需的成分。**雞蛋的蛋白質是胺基酸分數高達100的優質蛋白質**。雖然會因為雞蛋大小而有所差異，但是一顆雞蛋大約可以攝取到5g的蛋白質。此外，其中亦富含維生素A、B群以及鐵質等礦物質。

和前面介紹過的大豆一樣，雞蛋內富含可以幫助大腦掌管記憶的神經傳遞物，也就是**作為乙醯膽鹼原料的卵磷脂**。

試著把孩子早餐中的「香鬆」改為「雞蛋」吧！

其次再將白米改為五穀雜糧米，即可增加孩子們容易缺乏的維生素、礦物質與食物纖維，有效提升大腦發展！

添加一些草莓、柳橙等當季水果也很簡單！加上這些水果後，還可以同時攝取到**能夠幫助卵磷脂吸收的維生素**C，搖身一變成為最強早餐菜色！

「對大腦有益的飲食」絕對不困難也不麻煩，善用食材，早餐也可以營養又簡單！

溫泉蛋最容易吸收！

雞蛋料理的變化相當多，是其魅力之一。除了「雞蛋拌飯」這種生吃的方法外，還可以嘗試荷包蛋、水煮蛋、歐姆蛋、炒蛋等各種不同的菜色。

為了不讓孩子吃膩，請善用各種烹調方法吧！在此提供一個小常識：**雞蛋會因**

為烹調方法不同而改變其營養消化、吸收率。

以下是消化各種不同狀態雞蛋所需時間：

生雞蛋：2．7小時

溫泉蛋：1．3小時

水煮蛋：2．5小時

荷包蛋：3小時

煎蛋：3．2小時

由此可看出，**溫泉蛋**（半熟蛋）**是最容易被消化吸收的調理方式**。蛋白質的特性為熱變性凝固後，會變得較難以消化。因此，消化確實加熱過的煎蛋會最花時間。

這樣說來，生蛋應該要比溫泉蛋更好消化吸收吧？實際上，並非如此。為什麼會這樣呢？

適合 2 歲半左右的孩子

烹調時間約 3 分鐘

用馬克杯只要 1 分鐘！用微波爐煮溫泉蛋

1. 打一顆蛋在可微波的馬克杯或容器內。
2. 用牙籤將蛋黃戳破（可防止蛋在微波爐裡爆炸），注入清水，直到蓋過雞蛋表面。
3. 用微波爐加熱約 1 分鐘。
4. 完成後立刻將水倒出，避免讓雞蛋凝固。
5. 蛋白從透明變成白色，即完成。

微波爐會因為瓦數、種類、氣候條件等而有不同的加熱時間，可以先從 30 秒開始，一邊觀察狀態，一邊加熱，才不會失敗唷！

生雞蛋中含有會妨礙蛋白質吸收的酵素。該酵素會因為受熱而減弱，使得蛋白質更容易被吸收。

請參照上圖，利用微波爐即可輕鬆完成溫泉蛋。

雖然一歲半後可以開始食用半熟蛋，但是狀況還是因人而異，請觀察寶寶的生理狀態後再決定是否給予。

有些超市也會販售溫泉蛋。時間不夠時，也能加以利用喔！

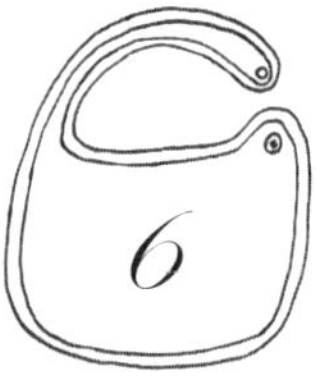

善用乳製品

除了雞蛋以外，還有一種幾乎每個家庭冰箱裡都會有的便利的食材，就是**乳製品**。鮮奶、優格、起司等都是多數孩子喜愛的食材，請多加利用。

鮮奶是優質的蛋白質來源，**鈣質**也很豐富。在骨骼與牙齒正在發育的幼兒期，鈣質可以說是與蛋白質並列的重要營養。這兩種營養可以同時從乳製品中取得，請務必積極攝取。鈣質與蛋白質也是大腦發展時必備的營養素。

前面已經提過蛋白質非常重要，它是建構大腦的材料，也是大腦在獲取訊息時必要的神經傳遞物材料。

那麼，鈣質又是如何呢？

其實，鈣質在大腦開發中也占有重要的地位。

鈣質對人體的重要性

提起鈣質，大家都會聯想到骨骼或是牙齒的構成材料。然而，鈣質甚至可稱為**「生命之火」**，是在生命活動中擔任要角的營養素。

人體的鈣質有99％儲存在骨骼與牙齒，剩下的1％則分佈在細胞、肌肉與血液當中。鈣質能夠幫助肌肉運作、維持免疫力、使荷爾蒙分泌，在維持生命上占有不可或缺的重要性。

鈣質還能幫助神經與大腦運作順利。缺乏鈣質時會造成精神不穩定，缺鈣也容易成為焦躁不安的原因。多喝鮮奶，能夠補充鈣質。

打開即可食用的乳製品，能大幅提升營養價值

此外，乳製品只要從冰箱拿出來放在餐桌上就OK了，這種輕鬆方便的特性也極具魅力。不但輕鬆方便，營養也非常豐富，簡直可說是**大腦開發專用飲食的救世主**！

前面曾經提過無助於大腦開發的「香鬆拌飯」，只要把附餐飲料從茶換成鮮奶，就能夠大幅提升營養的均衡程度，幫助大腦開發。

此外，由於「低脂」經常帶有健康的形象，所以有些家長也會讓孩子飲用低脂鮮乳，但反而減少了孩子能吸收的營養。鮮乳脂肪中，含有對身體有益的脂溶性維生素。給孩子一般的鮮奶，勝過低脂鮮乳！

如果不能喝鮮奶，也可以多加利用**優格**或是**起司**。有些人喝鮮奶會導致腸胃不適，這是因為個人體質無法處理鮮奶內的乳糖，稱為「乳糖不耐症」。**起司或是優格則因為乳糖含量較低**，所以不需要擔心。

善用起司粉或是脫脂奶粉取代調味料

使用乳製品，可以輕鬆提高日常飲食的營養價值。

比方說，只要將起司放在吐司上，就成了**「起司吐司」**，如此簡單的菜色，也適合用來當作早餐或是點心。

適合 3 歲左右的孩子　**烹調時間 5 分鐘**

平底鍋咻咻麵包（1 人份）

1. 平底鍋內先放入喜歡的起司（任一種都可以），待溶化後，將切成 2cm 厚的麵包放入，將麵包押在起司上，直到發出「咻咻」聲。
2. 將表面煎至微焦即完成。

也可以加入豌豆或是玉米喔！

用**起司粉或是脫脂奶粉取代調味料**，也是不錯的方法。由於起司粉裡面已經含有許多鹽分，起司粉除了可以代替鹽巴，也可以用來當作煎蛋或拌飯的調味料。將脫脂奶粉加入咖哩或燉煮料理，可增加濃郁度。另外，與漢堡肉或絞肉混合，不只可以提升營養價值，還可以消除肉類的腥臭味。

7

點心是孩子的第四餐

正餐的話題先暫放一邊，來談談孩子們最喜愛的「點心」吧。

說到點心，大多數人會想到巧克力、餅乾，或是洋芋片等零食。與正餐相比，點心擁有獨特的「樂趣」。

特別是對成人而言，吃點心就像是在工作空檔「休息一下」，給自己一點獎勵，轉換心情。

對孩子而言，「點心」的意義與成人略有不同。

給予孩子點心的目的，在於「**補充三次正餐中攝取不足的營養**」。

特別是嬰幼兒的胃部等消化器官還很小、尚未發育完成，還不具有可以一次消化、吸收大量食物的能力。

因此，成人可以從3次正餐攝取到一整天所需的營養，**但孩子往往需要在三次正餐之外，多加一次點心，將一天分的營養分成四次來攝取。**

究竟應該給孩子什麼樣的點心呢？絕對不是只有甜味的零食，而是可以充當孩子的第四餐，能夠讓孩子確實攝取到營養的食物！

從點心攝取蛋白質、鈣質、DHA！

若要說能從點心獲得的重要營養素，首推蛋白質。蛋白質是建構孩子身體與大腦最重要的營養素，但是光從3餐中難以攝取到足夠的份量。

那麼，可以補充蛋白質的點心有那些呢？

比方說，善用雞蛋、乳製品、魚肉香腸等，即可成為蛋白質豐富的點心。或者也可以參考下一頁食譜的做法，妥善利用市售食品，只要動動手，就可以做出幫助孩子確實攝到蛋白質的優質點心。

如何選擇市售點心

經常聽到有人說：「每天親手做點心，難度太高了！」當然，偶爾使用市售的點心也無妨。不過，這時候請仔細思考「是否能攝取到成長所需的營養」後，再進行選擇。

在此介紹幾種推薦的點心。

首先是**布丁**。布丁當中含有許多先前介紹過的營養食材，像是雞蛋、牛奶，藉由食用布丁，可讓孩子確實攝取到蛋白質與鈣質。（編註：這裡的布丁不是指一般市售雞蛋口味布丁，而是烤布丁等雞蛋牛奶製品）

烹調時間 20 分鐘

適合 3 歲左右的孩子
利用肉醬調理包製作的小魚麵包

1. 將(A)混合後放入鍋中，以中火煮約 10 分鐘至水份揮發，並且出現黏稠狀。

2. 在麵包表面塗上(1)，放上切成魚鱗形狀的起司。塗上美乃滋，並且用碗豆裝飾成魚眼睛，最後放入烤箱烤至起司融化即可。

材料（4 人份）
(A)肉醬調理包 ……1 包（25g）
(A)豬絞肉 ……………………200g
(A)乾燥大豆 ……1 包（60g）
※可換成其他豆類
熱狗麵包
（橫向對半切開）…………4 條
起司片 …………………………4 片
碗豆 ……………………………8 顆
美乃滋 ………………………適量

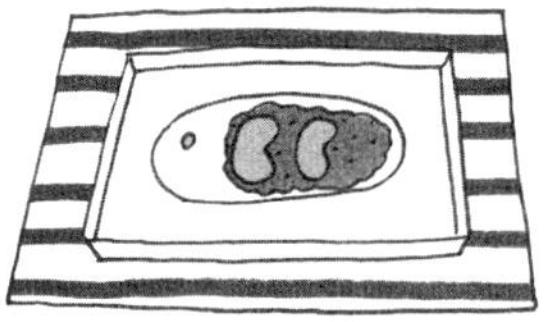

日式和菓子也是營養豐富的食品。用來製作**紅豆餡**的紅豆富含礦物質以及膳食纖維，因此含有豆類的**紅豆大福**是不錯的選擇。（編註：也可選擇台式紅豆餅、紅豆麻糬等）

另外，也很推薦藥妝店所販售的**「嬰幼兒專用」米餅或餅乾**。

日本厚生勞働省在對以孩童為販售對象的食品上，設有相當嚴苛的標準，不但對於所使用的食品添加物規定非常嚴格，也會確保其營養價值是否符合規範。

透過這些零食可以讓孩子輕鬆攝取到必要的蛋白質、鈣質、鐵質等，是可以讓人感受到製造商用力的優質點心。

如果各位覺得市售點心的營養還是不夠，可以加上一杯**鮮奶**，也可以藉由加上蛋白質、鈣質豐富的**優格**，或是含有豐富維生素的**水果**等方式，增加點心的營養價值。

確認市售點心的鹽分與糖分

這希望各位務必注意**市售零食中含有的鹽分與糖分**。有些不是專門給孩子食用的零食，往往含有相當高的鹽分與糖分。

一包孩子們最喜歡的洋芋片，含有多少鹽分呢？

每日的食鹽攝取標準

1至2歲	（男孩）低於 3g／日	（女孩）低於 3.5g／日
3至5歲	（男孩）低於 4g／日	（女孩）低於 4.5g／日
6至7歲	（男孩）低於 5g／日	（女孩）低於 5.5g／日
8至9歲	（男孩）低於 5.5g／日	（女孩）低於 6g／日

資料出處：「日本人飲食攝取標準（厚生勞働省）2015 年版」

差不多是0．5g至1．1g。因此只要吃半包的洋芋片，就會攝取到相當高的鹽分，孩子每日的鹽分建議攝取量如上表所示。各位家長可以作為參考。

此外，零食中往往也會使用大量的砂糖。比如一片巧克力片約有20g、一片水果蛋糕約有30g的砂糖。看到這些數字，各位應該也會覺得必須注意嬰幼兒食用的點心吧。

請務必注意，別讓孩子過度攝取砂糖。

過度攝取砂糖，不僅會導致肥胖，也會對大腦的發展和運作產生不良影響。

比方說，代謝砂糖所需的維生素B_1，會因為過度攝取砂糖而被大量消耗。一旦人體缺乏維生素B_1，大腦所需的能量跟著不足，整個人就會顯得焦躁不安，容易情緒失控。

此外，在代謝砂糖的過程當中，也會消耗大量的鈣質，因而造成**缺鈣**。鈣質可以幫助大腦思考迴路順利運作，因此當缺乏鈣質時，大腦的運作就會變得遲鈍。

孩子們的點心或碳酸飲料中往往含有大量的砂糖。**每500ml的碳酸飲料中就含有50g的糖分**，請務必注意，予以控制。

建議各位家長，盡量使用精製程度較低的蔗糖（砂糖），以及含有維生素、礦物質、膳食纖維的大豆製品自製點心。

培養自信，從幼稚園「便當吃光光」開始

上幼稚園的孩子，午餐幾乎都是吃學校準備的營養午餐，也有些幼稚園會要求家長自行準備每天的便當，所以經常聽聞孩子這個年紀的家長們，為便當大傷腦筋。

家長們共通的煩惱幾乎都是：

「食量太小，便當吃不完」

「孩子偏食，都會剩下配菜」

對於原本每天都和家長一起享用三餐的孩子來說，光是與家長分開、和朋友一起吃午餐，就是非常重大的工作了。

事實上，孩子所感受到的壓力比大人們想像得更嚴重，對孩子們來說，是相當大的挑戰。

因此，剛開始帶便當時，請先暫時忘記「吃得乾乾淨淨」這種理想狀態。

家長們心裡總想著「希望孩子多吃一點」、「希望孩子不挑食」，往往一不小心就將便當塞滿。但是，家長並不需要努力到這種地步。

帶便當最重要的目的是**讓孩子學習與朋友、老師一起「享受用餐時光」**。

常聽見拼命幫孩子準備飲食的家長們**做了便當卻總是碰壁，通常是因為家長們希望「放入一些孩子討厭的食材，藉此克服孩子的偏食問題」**。請各位家長務必在便當中放入孩子喜愛的食材，以讓孩子愛上吃便當的時光為首要目標。

此外，關於便當的份量，一開始最好比孩子平常的食量少一點。只要準備讓孩子能夠在充裕時間內吃完的份量即可。光是**「把便當全部吃光」**，就能讓孩子產生自信。

營養均衡、簡單輕鬆的便當菜色

接下來要來談便當的內容。如果製作便當是家長每天的工作，希望減輕自己的負擔。

當然，站在考量孩子發育的立場，必須特別注意營養均衡的部分。

以下就來介紹一些可以簡單輕鬆完成，營養價值又均衡的便當食譜。

那就是**「裝裝樂便當」**（參照111頁）。

偶爾做一個不需要烹調，直接裝入菜色就完成的便當吧。只要注意營養，就不需要抱有「偷工減料」的罪惡感。

雖然別緻的卡通便當也很有趣，但是每天用餐最重要的目的是要**攝取成長所需的營養素！**

既然能夠輕鬆完成，也能攝取到均衡的營養，就不需要勉強自己一直絞盡腦汁變花樣了。準備便當的前提是不致於讓準備者感到疲累、造成負擔，而是可以享受過程，並持續下去，才是最重要的。

妥善運用冷凍食品

最近有許多食品製造商都推出便當專用的冷凍食品，甚至有許多孩子們喜歡的菜色。只要挑選一種菜色放入便當裡，就能夠減少輕製作便當的程序，建議家長們可以妥善運用。

當然，還是要注意這些加工食品內的添加物與油品的氧化問題。冷凍的炸雞塊可以先放入濾網以熱水沖洗。只要去除表面的油脂，就會變得更健康。

另外，香腸先用水煮過後，也可以減少近40％的添加物。

適合 3 歲左右的孩子

裝裝樂便當

利用現成冷凍食品也能做出健康好吃的便當

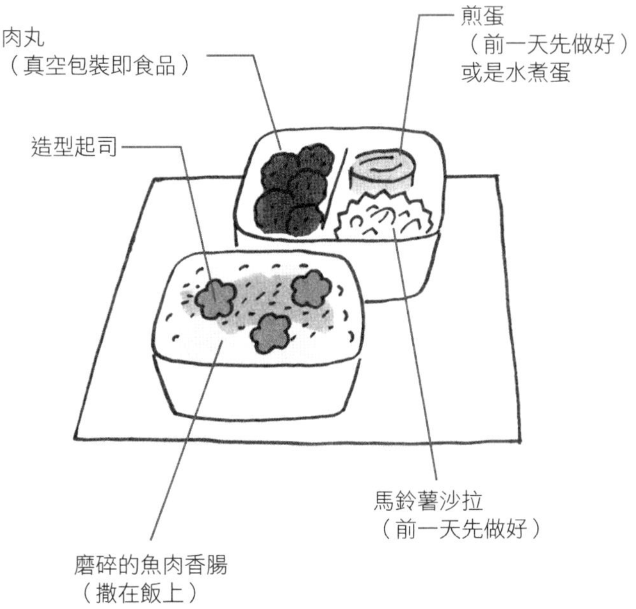

可以在飯中加入少量的薑黃一起烹煮。
呈黃色的飯能夠在視覺上刺激大腦產生食欲。

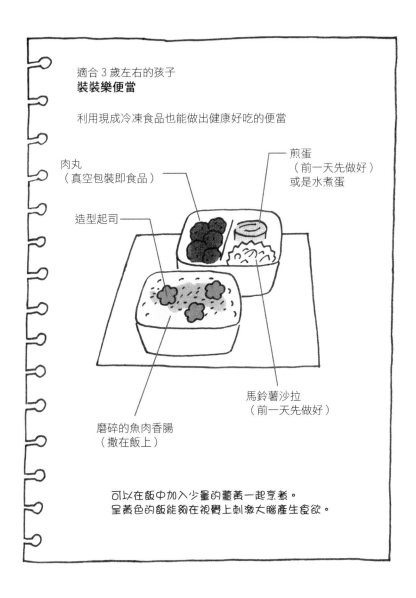

孩子的大腦開發，從「咀嚼」開始

目前為止，我們已經談過在大腦迅速發展的幼兒期應當攝取的營養，以及應該積極給予孩子的食材了。

能讓大腦細胞充滿彈性的ＤＨＡ，可以從魚類食物中攝取；作為神經傳遞物原料的蛋白質，則可以從肉類攝取；能幫助記憶的卵磷脂，可以從大豆或是雞蛋攝取；讓大腦運作敏捷的鈣質，則可以從牛奶等乳製品攝取。各位是否已經逐漸認識這些建構聰明頭腦必需的營養素了呢？

除了這些營養之外，還有一個可以刺激大腦的重要動作，就是「**咀嚼**」。

現今的食物往往不太需要「咀嚼」，但「咀嚼」也是大腦開發的必要條件！

「咀嚼食物」可以給予腦部刺激。這種刺激可以幫助大腦發展。因此，如果只喜歡吃一些柔軟的食物，對於孩子的腦部發展也會造成影響。

日本料理中有許多需要確實咀嚼才能食用的飲食，像是**根莖葉菜類蔬菜、小魚**等。尤其是古早的飲食習慣就有益於大腦發展。

不過，現代人偏好柔軟蓬鬆、入口滑順的食物。這往往會影響家長，副食品期延長，一直持續給孩子柔軟、容易吞食的食物。**在孩子乳牙長齊後，請家長們給予孩子能夠確實咀嚼的食物**。

至於零食，偶爾也可以給予孩子乾果仁等需要咬碎的食物。

「吃」可以促使五感運作

既然講到對大腦開發有益的「刺激」，接著再進一步討論吧。

給予大腦刺激，簡單來說就是要促進五感運作。「視覺」、「聽覺」、「觸覺」、「嗅覺」、「味覺」等感覺，都會對大腦產生刺激。

各位應該也聽過「看美麗的風景」、「聆聽音樂」可以刺激大腦發展吧？

逐一檢視這些要件，會發現透過**烹調食物、吃下食物等行為，也能刺激五感**。

看到美味的擺盤會覺得感動，聽到廚房傳來切菜的聲音以及鍋子隨著蒸氣升起發出咻咻聲、觸摸到柔軟的麵包、聞到高湯的香氣，享用美味的食物⋯⋯這些都能活用五感。

除此之外，全家人一起圍繞著餐桌，愉悅地聊天溝通，也是大腦發展所需的必要刺激。

「用餐」這件事情，不單純只是填滿肚子的行為。用餐這個行為本身，對於人類的心靈與身體都非常重要，請務必在孩子的心中培養出這樣的觀念。

透過用餐，學習體驗上述這些事情，是幼兒期用餐的重要目的。

動手學做菜可以開發大腦！幫助孩子建立主動思考能力

我經常在演講或是研討會中提倡「和孩子一起動手做菜」。

做菜是一件必須運用五感進行的工作。親眼目睹食材、嗅聞香氣、品嘗味道，或用耳朵聆聽熱水煮沸的聲音或用油炒菜的聲音，並親手觸碰食材，享受觸感。如此運用五感，可使大腦受到刺激，並且加速成長。

或許有些家長會說：「讓我家小孩做菜？不可能啦」，也會有家長反對：「讓孩子做菜的話，廚房會變得一團糟！」

不過，只要試過，必定會對孩子們的料理天分感到驚訝！截至目前為止的演講中，已經有許多家長和我分享與孩子一同做菜的樂趣。孩子們有著旺盛的好奇心，對事物的吸收能力也很驚人。

3歲開始就可以練習拿菜刀！

或許各位會有點驚訝，但是事實上孩子從「**3歲開始就可以練習拿菜刀。5歲後，除了油炸以外，幾乎可以做出所有種類的料理**」。

當然，剛開始時不需要馬上用到菜刀或是開火。

比方說，先讓孩子學習在麵包抹上喜歡的醬料或是用起司來裝飾，再放入烤箱烘烤，做成麵包披薩；或是讓孩子用手撕開生菜製作生菜沙拉。在製作甜點時，也可以讓孩子量測砂糖與鮮奶，或將砂糖與麵粉混合，孩子們可以幫忙的部分其實非常多。

等孩子慢慢習慣之後，就可以試著讓孩子拿菜刀了！市面上也有販售刀尖做成圓形，或將刀刃做成鋸齒狀，不易切傷手指的兒童菜刀。

試著先讓孩子從用微波爐或是烤箱即可完成的料理開始接觸吧。需要進行炒、煎等烹調工作時，也可以利用電磁爐等不需要用到爐火的烹調工具。

孩子幫忙做菜時，就讓孩子體驗整個過程

讓孩子幫忙做菜時，大家經常會犯一個錯誤，就是只讓孩子幫忙某些部分的工作。比方說，只讓孩子幫忙去除馬鈴薯皮，或只是幫忙拌入調味料。

我個人不太推薦這樣的做法，因為讓孩子體驗從頭到尾完成料理的過程，能讓孩子獲得「**感動**」與「**成就感**」。

如果只能幫忙部份的工作，孩子便無法獲得成就感。當然，如果孩子是心不甘情不願地幫忙，更無法對大腦帶來良好的刺激。

話說回來，做菜的程序非常重要。如何決定烹調順序，也會影響效率，烹飪其實很需要花腦筋。讓孩子學習做菜，他們就會開始自己思考這些程序。這也是「該孩子做菜」所能帶來的效益。

為了讓工作順利進行，有一種叫做「PDCA循環（品質管理循環）」的方法，是藉由反覆進行Plan（規劃）↓Do（執行）↓Check（查核）↓Act（行動）這4個階段，持續改善業務執行狀況的一種方法，可以提升工作能力，也可以因此提高業績。

「做菜」的流程也符合「PDCA循環」。藉由該孩子做菜，體驗這樣的流程，即有機會提高孩子的學習能力。

請務必和孩子一起享受做菜的樂趣！

第 4 章

【小學生　六歲～十二歲】

培養專注力的
學齡兒童飲食重點

幫助大腦運作的能量來源——醣類

目前為止，我們提過建構大腦所需的營養與飲食。大腦的60％是由脂肪建構而成，剩餘的40％則是蛋白質。由此可知，確實攝取優質的油脂及蛋白質非常重要。

前面也提過，9成的大腦神經細胞在孩子5、6歲左右，就已經發展完成。然而，剩下的1成大腦細胞還會持續發展到20歲左右。20歲之後，大腦細胞也會經常性地進行汰換。因此，孩子在幼兒期後，也應當持續攝取含有DHA的優質油品與胺基酸分數較高的優質蛋白質。

孩子進入小學階段後，我們也應該試著用不同的思維角度，設計能夠讓大腦更健康的飲食。

孩子上小學後，終於展開正式的「學習」。**「每天上課」會成為孩子的生活重心**。因此，如何提升大腦能力，加強學習效果，這個時期的飲食便顯得非常重要。

醣類是活化大腦的重要營養素

如果把大腦的運作比喻為汽車的性能，目前為止的內容，是如何建構一部行走起來舒適快速、性能良好的車體。

接下來，將要介紹得以使建構完成的大腦順利運作的「汽油」。**能讓大腦運作的營養，就是「醣類（碳水化合物）」**。

醣類的來源包含米、麵包、麵類等主食，除此之外，砂糖也屬於醣類。

醣類如何作用於大腦活動呢？

從食物所攝取的醣類會先經由腸胃消化，轉換成**葡萄糖**後，再被吸收至血液當中。葡萄糖會藉由血液搬運至腦部，作為腦部活動的燃料。當肚子餓時，腦部無法運作，就是因為腦部缺乏能量，就像汽車沒油了一樣。

因此，**最適合學習的腦部狀態，是指作為能量來源的醣類都維持在一定、穩定的狀態**。

大腦是大胃王，也是美食專家！

醣類不只能幫助大腦運作，也是身體活動時使用的能量來源。

我們一天會消耗多少能量呢？

大腦是食欲非常旺盛的內臟器官，會消耗非常多的能量。大腦的重量僅佔人體的2％，非常地少，但是相對於全身，大腦所消耗的能量卻佔據了相當高的比例。成人大腦所消耗的能量佔整體能量的20％，5**歲兒童佔40％以上，嬰幼兒甚至達到50％以上。**

成人腦部的重量約為1400g，剛出生的嬰兒為400g，2歲時會增加一倍約700g，5歲兒童則約為1300g。

然而，醣類轉化而成的葡萄糖是一種有儲藏量限制的營養素，在人體內很快就會變得不新鮮，難以成為能量來源。因此，我們無法一次攝取大量醣類，再慢慢消耗……

大腦是「只接受新鮮葡萄糖」的美食專家。因此，每餐都必須確實攝取醣類，才能讓大腦獲得新鮮的葡萄糖。

就算完全不動，一個人一天會消耗約260g的葡萄糖。其中，高達120g，是由大腦所消耗掉的！

我們的大腦每運作1小時所需要的葡萄糖量約為5g。如果從事需要動腦的工作或是念書時，會消耗更多的葡萄糖。因此，穩定地補充葡萄糖非常重要。

一碗白飯（150g）所含有的葡萄糖量約為50g，希望各位每餐都能確實攝取。

一天的學習效果就看「早餐」

前面提到，大腦是個大胃王，即使在我們睡眠時，大腦也會不停地消耗能量。因此，早上起床後，原本儲存的能量也已經耗盡了。

早餐非常重要，可以補充一整天活動能量所需的葡萄糖。早餐的主食中，不可缺少含有醣類的食材，例如：米飯或麵包。

早餐的重要相信各位都明白，但筆者實際前往小學進行演講時，經常聽見老師們說：「很多家庭都沒讓孩子吃早餐！」

理由大多是因為「孩子早上沒有食欲、不想吃」。

早上剛起床時，或許還沒有食欲。這部分可以透過修改生活作息時間表改善，例如提早起床，稍微活動身體後再吃早餐。

此外，如果來不及吃早餐、甚至早上起不來，最大的原因可能是前一晚太晚睡，或是太晚吃晚餐，使得消化吸收的時間延後，以致於早上起床時還感覺不到飢餓。

希望各位能讓孩子養成早睡早起的習慣，這也是讓孩子健康成長的基本原則。

血糖值急遽上升，會妨礙大腦活動

如果想加速大腦運作，提升學習效果，就不能「有吃早餐就好」，而必須注意「吃了什麼」。

我們可以**藉由早餐補充**睡覺時消耗的**葡萄糖**。補充葡萄糖必須**能維持我們在午餐之前的活動**，因此，穩定供給能量非常重要。

應該有人想問：「穩定供給能量是什麼意思？」

先來說明關係到大腦能量補充的**「血糖」**吧。血糖值，一般被認為是與糖尿病等疾病有關，只有中高年人才會在意的數值。因此，在孩子的飲食習慣方面提到血糖時，大家幾乎都會很驚訝：「孩子的飲食跟血糖值有關係嗎？」

當然有關係！

首先來看看血糖值的架構吧：從食物中所攝取的醣類，會藉由酵素運作，在人體內分解成為葡萄糖。葡萄糖被吸收至腸道後，會進入血管。這時，血管內的葡萄糖量就會隨之增加。也就是所謂的「血糖上升」。

進入血管的葡萄糖除了會被運送到大腦，用於大腦運作之外，還會作為人類全身各處的活動能量。

這時，最重要的是**葡萄糖進入血管的「速度與量」**。這個速度如果過快、量過多，突然衝入血管內的葡萄糖就會因為增加太快，來不及成為能量，使得血管內充斥著葡萄糖。血管內葡萄糖過剩的狀態，稱為「高血糖」。在高血糖狀態下，人體為了消耗這些多餘的糖，會追加分泌「胰島素」。

然而，急遽且大量的葡萄糖充滿在血管內，會使得胰島素不斷地分泌，因而分泌超出必要值的胰島素，使得葡萄糖被大量消耗，反而造成血糖過度下降。

這樣一來，反而會變成**「低血糖」**。**低血糖時，大腦會變得無法運作，使得專注力下降，造成失眠、倦怠等情形，絕對不能掉以輕心**。

以上的情況大多會在早餐後1個小時左右出現。**因為吃錯早餐造成血糖值急遽攀升的孩子，大多會在2個小時後進入低血糖狀態而突然出現恍神、無法專注上課等情況。**

血糖值急遽攀升時，容易發怒

此外，為了使血糖值下降，胰島素會不停地分泌，當血管持續呈現充滿葡萄糖的「高血糖」狀態時，多餘的葡萄糖會與建構細胞的蛋白質結合，出現**「糖化」**現象。糖化會導致**細胞劣化**，如果這種情形發生在大腦細胞，會成為妨礙大腦運作的原因。

此外，多餘的葡萄糖也會形成脂肪囤積在人體，造成肥胖。

血糖急遽攀升或是下降也會造成大腦疲勞，導致情緒不穩定。「脾氣暴躁」的狀態，往往也是因為血糖急遽攀升或是下降的關係。

為了維持大腦活動順暢、情緒穩定，必須讓攝取到的醣類緩慢分解成為葡萄糖，並且逐漸吸收至血液當中。葡萄糖如果能夠被逐漸吸收，人體就不需要大量分泌胰島素去幫助急遽攀升的血糖值下降，也就不會出現血糖過度下降，最後反而變成低血糖的紊亂情形。

早餐中的醣類，不光只有白飯或麵包、麥片，許多水果也含有醣類。例如在餐後吃一根香蕉，也會讓血糖升高。

然而矛盾的是，現今流行的限醣飲食，並不適用於孩子。成人應當有所限制的營養素，與孩子成長所需的營養素，恰好是相同的。對孩子而言，醣類是非常重要的營養素。

為了使醣類分解吸收的狀況穩定，下一個單元中將會詳細說明攝取醣類的秘訣。

3 抑制醣類吸收速度的飲食重點

食用**白米飯或白麵包等精緻穀物**後，所攝取的醣類會迅速被吸收，造成血糖急遽攀升。

穀類當中富含**膳食纖維與礦物質**，這些物質**能夠抑制醣類的吸收速度**。因此，如果食用精製前的糙米或全麥麵包，人體就能夠用正常的速度吸收醣類。

這是因為能減緩醣類吸收速度的膳食纖維與礦物質大多分布於食物的表層，往往會在精製的過程中被去除掉。

也就是說，如果攝取的是已經去除表層膳食纖維與礦物質的白米或白麵包時，其中所含有的醣類就會迅速被吸收，使得血糖急遽攀升。

胚芽米勝過白米，雜糧麵包勝過白麵包

為了避免血糖急遽攀升，選擇五穀類時，請選擇**精製程度較低者**。

然而，糙米的口感較硬、較不易消化吸收，對孩子而言較難以食用，所以我並不會特別建議讓孩子食用糙米。建議選擇僅留有胚芽的**胚芽米**、僅有部分精製的**混合糙米飯**，或是因為發芽，外皮較為柔軟的**發芽糙米飯**。

此外，白米可搭配膳食纖維或是礦物質豐富的雜糧（栗子、高粱、小米等）煮成**雜糧飯**，或是加上小麥煮成**麥飯**，都是不錯選擇。

如果要吃麵包，可以選擇**全麥麵包、雜糧麵包或裸麥麵包取代麵包。最好選擇偏咖啡色的麵包**。

適合 3 歲左右的孩子

完美麥片粥（1 人份）

將 30 至 50g 糙米片、1/2 根香蕉、2 粒梅干、10g 碎堅果一起放入碗中，倒入 100 至 150ml 的豆漿，再加上 1 小匙亞麻仁油。
如果想要甜一點的口感，也可以加入寡糖或蜂蜜。

此外，**吃麥片時，可選擇含有較多膳食纖維與礦物質的產品**，即是可以穩定血糖、適合早餐食用的主食。

能夠抑制醣類吸收的膳食纖維、礦物質含量豐富的食材還有**堅果類以及水果乾**。這些食材加上鮮乳，便是能夠增加蛋白質與鈣質攝取的**「麥片粥」**。孩子們早晨所需的營養，全都匯集在這一碗中，簡直就是完美的一餐！

即使是忙碌的早晨，麥片粥也能夠快速上桌，請務必常備在側。

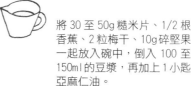

搭配白米，可降低醣類的吸收速度

白米會使血糖值急遽攀升，應該盡量避免。但孩子喜歡剛煮好的鬆軟白米，完全不能吃未免太可憐了⋯

讓白米升級成強力盟友的辦法，就是活用「**混搭**」。

食用白米時，搭配膳食纖維或礦物質含量豐富的食材一起食用，可以抑制血糖上升。**所有的蔬菜**、**菇類**、**海藻類等**都可以用來當作搭配的食材。

此外，**蛋白質**豐富的食材也能抑制血糖上升。因此，只要與乳製品、雞蛋等搭配攝取，便能夠避免因食用白米，造成血糖升高。

在考量這些血糖值上升的差異時，用以參考的標準是「**GI值**」。

食物升糖指數（GI值）表

100	葡萄糖
80-89	法國麵包、烤馬鈴薯
70-79	精製麵粉製作的麵包（吐司）、馬鈴薯泥、爆米花、西瓜、胡蘿蔔、南瓜
60-69	煮好的白飯（白米）、全麥麵粉製作的麵包、葡萄乾、冰淇淋、巧克力棒、砂糖（蔗糖）
50-59	糙米、水煮義大利麵、水煮馬鈴薯、香蕉
40-49	裸麥麵包、水煮義大利麵（全麥）、柳橙、葡萄、柳橙汁、葡萄柚汁、蘋果汁
30-39	優格（加糖）、蘋果、梨子
20-29	鮮奶（脂肪含量3％）、優格（無糖）
10-19	花生

白飯（白米）與其他食物搭配食用時的GI值變化：
GI值會因為加工方法、食物的搭配方式、咀嚼次數等而有所變化。
＋低脂鮮乳　69
＋即飲味噌湯　61
＋無糖優格（比白飯更早食用時）　59
＋白飯（白米）與納豆　56

參考「Glycemic Index」（雪梨大學）所提供的資料製表

所謂的GI，為「升糖指數（Glycemic Index）」的英文縮寫，是一種用來表示血糖上升率的指標。將攝取葡萄糖後上升的血糖值當作100，用以標示各種食材的升糖數值。各位可以參考上表所摘錄的內容。食用GI值較高的白米等食物時，**搭配GI值較低的食物一起食用，即可抑制血糖的上升速度**。

蔬菜、菇類、海藻類的GI值都在15以下。

注意與醣類同時攝取的微量營養素！

前面曾經提出建議，針對攝取醣類時，該如何在避免血糖急遽攀升的狀態下，將能量穩定地送至大腦。在此將再次複習「醣類是幫助大腦運作的能量來源」這項基本概念。

醣類是幫助大腦運作的能量來源。由於無法長時間儲存，所以必須每餐攝取。在此要介紹**能夠確實將醣類轉換成能量的營養素——維生素B_1**。

維生素B_1能夠幫助醣類代謝。維生素B_1不足時，便無法將攝取的醣類轉換成為能量使用。換句話說，這也是減肥時不可或缺的營養素。

除了豬肉、鰻魚、鱈魚子之外，維生素B_1也富含於常見的配菜內，像是海苔、豆類、米糠醬菜等。請試著積極食用吧。

接下來還要介紹一種在供給大腦能量時很重要的營養素——**鐵質**。

鐵質是建構血液的成分。鐵質是預防貧血時的必備營養素，也是搬運工，會將血液中的營養素搬運到必要的位置。鐵質不足會造成血液循環變差，間接使得身體無法獲得必要的營養素。

為了獲得大腦所需的能量，決不能忽視鐵質。

鐵質含量豐富的食物有**牛肉、蛤蜊及蜆等貝類、豆漿、毛豆、納豆等豆類、波菜、小松菜等葉菜類、青海苔、羊栖菜等海藻類。**

將含有維生素B_1與鐵質等微量營養素的食物，搭配白飯一起食用，即可更有效率地運用能量，幫助大腦順利地運作。

適合 3 歲左右的孩子開始

自製大腦開發香鬆

將 50g 白芝麻、5 大匙青海苔、10g 柴魚片、10g 小魚乾（無鹽）放入平底鍋中拌炒，再加入攪拌好的調味料（味醂、醬油各 1 大匙、蜂蜜 2 小匙），炒至水份蒸發為止。

上圖為「大腦開發香鬆」撒在白飯上，就能夠輕鬆攝取到微量營養素。

請務必製作一份備用，只要在白飯上灑一點，就能夠幫助孩子的大腦成長。

精製糖會造成孩子注意力下降，也是脾氣暴躁的原因

比起白米飯、白麵包等精製穀物，砂糖（蔗糖）中所含有的醣類更高，吸收速度更快。

砂糖的原料主要來自於甘蔗與甜菜（sugar beet）。這些原料雖然含有一些礦物質，但是在精製過程中，礦物質幾乎都已流失殆盡。因此，食用含有砂糖的食物後，食物會在人體內立刻轉換為葡萄糖，使得血糖急遽攀升。

一早就吃甜麵包，對大腦非常危險

比方說，食用含有大量砂糖的甜食零嘴，會使血糖急遽攀升，連帶造成胰島素大量分泌，接著又會因為血糖值過度下降，而容易體虛無力。

所以，如果早餐是含有滿滿砂糖的甜麵包搭配糖分高的果汁，可是非常糟糕的！孩子的血糖會因此急遽攀升，在學校過了二個小時左右，血糖又會急遽下降。這時，孩子即可能因為能量不足而無法專注上課，必須特別注意。

白砂糖會影響孩子的成長

除了血糖值會急遽攀升之外，過度攝取砂糖還會對孩子的大腦與身體帶來不良的影響，應該避免過度攝取砂糖。

原因之一在於白砂糖在人體分解時會**大量消耗維生素** B_1。維生素 B_1 是醣類代謝時必備的營養素。如果缺乏維生素 B_1，無法順利將攝取而來的醣類轉換作為能量，反而會陷入能量不足、容易疲勞的狀態，多餘的醣類也會造成肥胖問題。

此外，砂糖是酸性食物。人體基本上是屬於弱鹼性，因此當酸性的砂糖大量進入人體時，人體為了中和酸性，會消耗許多礦物質。這時，會消耗大量的**鈣質**。

當鈣質不足時，人體會自行溶解骨骼與牙齒來因應。鈣質具有穩定神經的作用。因此，一般認為如果過度攝取會消耗鈣質的白砂糖，**會因此影響個性，造成焦慮、脾氣暴躁**。

白砂糖是由果糖與葡萄糖聚集而成的物質，與胃酸及消化酵素的運作密不可分，並經常容易**消化不良**。這些殘留在人體的糖，是腸道內壞菌最喜愛的食物，也經常成為壞菌增生的原因。

壞菌增加後，會啟動人體免疫系統，使作用於免疫系統的白血球嘗試消滅壞菌，但是殺死壞菌後，白血球的殘骸卻會產生大量的**活性氧**。活性氧會造成人體各種不適，也會對腦部運作帶來不良的影響。

一杯可樂含有2大匙（30g）的砂糖。這類碳酸飲料中所含有的砂糖，往往會讓人在還來不及感受到甜味時，就無意識地大量飲用，必須特別注意。

當然，「甜味」是孩子們普遍喜愛的味道，我們偶爾也需要一些甜食。但是在攝取砂糖時，請**同時攝取可以抑制血糖值上升的乳製品、蛋白質含量較高的食物或膳食纖維豐富的食物**。

此外，用於烹調或是製作點心上，**建議使用含有礦物質的蔗糖、甜菜糖、黑糖**，會比使用精緻砂糖來得健康安心。

5 如何應用加工食品與外食

孩子上小學後就可以開始食用各種不同的食物，飲食的內容也會與成人相當接近。因為體育及才藝課程增加，孩子的生活也逐漸忙碌起來。

此外，孩子們可能因為參加活動或集會收到各種糖果餅乾，也會增加與朋友一起用餐的機會，在孩子拓展社會性的同時，飲食環境也隨之大門洞開。

孩子們到了這個年紀，接觸**市售糖果餅乾**、**加工食品**、**即食食品**、**速食食品**的機會大幅增加，由於這些食品的取得相當便利，對孩子而言也相當有魅力，往往無從避免。

雖然無法避免孩子接觸加工外食，希望各位能記住與之和平共處的秘訣。

咖哩或奶油燉菜的即溶料理塊中含有大量的飽和脂肪酸

多數孩子喜歡的咖哩和是奶油燉菜，雖然可以同時吃到蔬菜與肉類，但是請各位注意，「市售的即溶料理塊」中含有相當多的飽和脂肪酸。如同第3章中的說明，飽和脂肪酸會造成大腦僵化，應該避免過度攝取。

可以的話，盡量不要使用市售的即溶料理塊，從咖哩粉、麵粉等材料開始製作。

或許有些人會說：「自己做？怎麼可能」，別擔心！其實一點也不困難。下一頁將介紹製作方法，絕對可以做出清爽的好滋味，請務必一試！

即便作法簡單，沒時間！時也不需要勉強自己，直接使用市售產品吧！不過，希望各位使用時還是要盡量減少飽和脂肪酸的攝取量。

比方說，**可以使用一包即食咖哩包，做成4人份的乾式咖哩**。這樣一來，就可

適合 3 歲左右的孩子

不使用即溶料理塊的咖哩基底

烹調時間 30 分鐘

材料（4 人份）

(A) 洋蔥（切碎）	1 顆
(A) 生薑（切碎）	1 片
(A) 橄欖油	3 大匙
(A) 番茄 ※去除種籽，切成 2cm 塊狀	1 顆
(A) 乾燥香菇 ※用手撕開。也可以切成薄片	3 片
(B) 水	300ml
(B) 雞湯粉	2 小匙
蒸熟大豆	75g
(C) 奶油	20g
(C) 麵粉	2 大匙
(C) 咖哩粉	1 又 1/2 大匙
(C) 鹽	少量

1. 將 (A) 放入耐熱容器中混合，蓋上保鮮膜，放入微波爐加熱10分鐘。

2. 將⑴放入平底鍋中拌炒。慢慢加入已經混合好的 (B)，再加入大豆一起煮約10分鐘，撈除浮沫。

3. 利用 (C) 製作麵糊。使用另一個平底鍋融化奶油，煎炒約 5 分鐘，注意不要燒焦。這時加入咖哩粉，炒散發香氣。

4. 將⑵分次倒入，每次約倒入50ml 至⑶，攪拌至出現黏稠感，最後放回⑵的平底鍋，以鹽巴調味。
這時咖哩基底已經完成。可以利用微波爐先將喜歡的蔬菜、肉類或是魚肉加熱後再放入。

以減少攝取量。

然而，比起在家自製咖哩，即食食品包內的肉類或是蔬菜等食材含量太少，也會有營養素攝取不足的問題。

這時，可以利用這類食品的調味，**自行添加肉類或是蔬菜**。比方說，市售番茄肉醬罐頭中的肉類太少，可以自己炒一些絞肉添加進去，就能大幅提升營養價值。

注意即食食品中所含有的反式脂肪酸

除了即溶料理塊或肉類當中所含有的飽和脂肪酸屬於會造成大腦僵化的脂肪，這裡希望各位特別注意的是**「反式脂肪酸」**。

反式脂肪酸是將常溫下為液體的植物油或是魚油，透過**「添加氫氣」**，加工製造成半固態或是固態的油脂。

含有較多反式脂肪酸的有乳瑪琳以及起酥油，還有以這些油脂為原料的市售麵包、餅乾、零食、速食食品等。

適合 3 歲左右的孩子

火腿三色豆巧達濃湯

烹調時間 25 分鐘

1. 將奶油放在平底鍋中，加熱後拌炒洋蔥。再加入馬鈴薯與豆類一起拌炒，加蓋至煮軟為止，不時加水一起蒸煮。
2. 將低筋麵粉加入⑴中拌炒，慢慢加入鮮奶，攪拌均勻、避免結塊，並且確認黏稠的狀態。
3. 將雞湯粉與小熱狗加入⑵，稍為煮過後，撒上鹽與胡椒即可。

材料（2 人份）

三色豆	150g
奶油	25g
洋蔥（※切成 1cm 塊狀）	1 顆
馬鈴薯（※切成 1cm 塊狀）	2 顆
低筋麵粉	2 大匙
鮮奶	2 杯
雞湯粉	1 大匙
小熱狗	1 包（10 根）
鹽・胡椒	少量

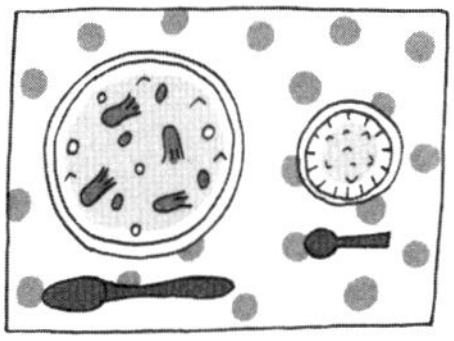

前面已數度提及，大腦的60%是由脂肪所建構，因此大腦的運作與所攝取的脂肪品質息息相關。

如果建構神經細胞的脂肪當中含有許多DHA，神經細胞因而充滿彈性，便能夠順利、迅速地傳遞訊息。相對於此，調查結果報告顯示，**反式脂肪酸比例較高的神經細胞在訊息傳遞方面的速度較慢，也會比較不順暢**。

反式脂肪酸佔有的比例較高時，神經細胞會變得僵硬，運作狀況也會變差。希望各位避免

「過度攝取」反式脂肪酸。

話雖如此，在市售糖果餅乾多樣化、速食業也蓬勃發展的現代社會中，要能夠完全不攝取反式脂肪酸，簡直是難如登天。

各位也不需要太過於神經質，只要在自己能做到的範圍內盡量避免、減少攝取反式脂肪酸就行了。

比如糖果餅乾，即使孩子已經是小學生，也要盡量避免食用，或是選擇在藥妝店所販售的**「幼兒專用點心」**。

此外，近年來製造商也會在糖果餅乾或麵包上標示反式脂肪酸的含量，供消費者參考，各位可以多加留意。

跟著孩子一起享受外食的樂趣！

有孩子的家庭利用速食餐廳或家庭式餐廳（family restaurant）的機會相當多。然而，速食餐廳的主要食物——馬鈴薯卻含有許多反式脂肪酸，而家庭式餐廳的油炸物也有同樣的問題。

如果因為這樣就避開家庭餐廳，未免有些可惜，接下來將介紹在家庭餐廳用餐時的選擇。

在家庭式餐廳選擇菜單時，最好選擇**以魚肉為主、沒有油炸物的「日式定食」**，日式定食通常會附上平時在家比較不常吃到的小菜，可以藉此均衡營養。此外，我最推薦的是**「兒童餐」**。除了菜色多樣豐富，通常也都有考量到營養均衡的問題。

外食對孩子而言也是累積社會經驗的機會。外食往往會創造一些特殊的經驗，例如：與其他人在同一個空間用餐，能夠因此學習到一些規矩；接觸到與在家裡截然不同的菜色，能夠擴展用餐的樂趣。

因此，「不需要每天，而是當作是偶爾的獎勵」，用這樣的思維模式去思考，只要不是太過頻繁，偶爾外食反而能夠讓人感受到不同的樂趣。

總是期望做到完美，會讓人喘不過氣。對於每天忙於家事與育兒的家長來說，偶爾喘口氣是很重要的。試著與孩子一起享受外食的時光吧。對孩子而言，家長的笑容才是最棒的養分。

第 5 章

【國中生　十三～十五歲】

增強大腦與身體，迎戰考試的飲食重點

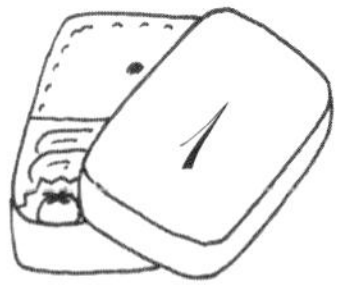

營養素補給團大作戰，支援大腦運作

孩子成為國中生後，體格漸漸變得相當接近成人，食量、食用的菜色也幾乎與成人無異。此時，讀書占了孩子們生活的大半。許多人必須用功念書準備考試，或是準備高中升學考。

為了考出好成績，首先還是需要培養**能夠加速大腦運作的飲食習慣**。國中生的飲食準備概念基礎與嬰幼兒、小學生相同，下面就讓我們重新複習一次吧。

第一，**建構充滿彈性的大腦**。

思考迅速、記憶力強的大腦，指的是大腦神經細胞之間的訊息往來迅速、能夠確實接收訊息。

為此，首先要建構出動作靈活的接受器，以及充滿彈性的大腦細胞。

確實攝取DHA，可以讓大腦細胞充滿彈性的DHA，是建構聰明頭腦的第一步。

第二，**增加訊息傳接時的傳接球量**。

訊息像傳接球般傳遞時，所使用的「球」即是指神經傳遞物。為了增加能傳接的數量，必須確實攝取作為神經傳遞物材料的**蛋白質**。

第三，**正確地攝取用來作為大腦燃料的醣類**。

為了不要避免燃料耗盡，造成大腦停止運作，必須經常讓醣類維持一定的量，並且穩定供給。因此，必須同時攝取可以抑制醣類分解與吸收的**膳食纖維**，以及**礦物質**，且經常維持少量而穩定的供給狀態。

協助三大營養素有效運用的維生素C

大腦活動的必要營養素，即是建構大腦細胞所需的材料——蛋白質與脂肪。大腦活動的燃料則是碳水化合物（醣類）。這三大營養素，我們曾經在小學以及國中課堂上學習過。

接下來，希望各位注意的是**能夠讓這三大營養素更有效率的營養素**，也就是**維生素**與**礦物質**。

孩子成為國中生後，不論是念書還是運動的頻率都會增加。因此，更需要掌握能幫助孩子，讓他們在日常活動表現更出色的營養攝取方式。此外，由於孩子的味覺變得更加寬廣，能夠食用的食材種類也會變得更多。各位可以和孩子一起享受各種不同的菜色變化。

先來看看維生素的部分。

維生素雖然不是建構人體的三大營養素之一，卻是維持身體機能正常必備的成分。此外，許多維生素中具有**協助醣類、脂質、蛋白質代謝順利的作用**。

比方說，**用來代謝醣類的維生素**B_1就是一種不可或缺的維生素。前面已經提過，即使確實攝取作為大腦能量來源的醣類，當可以轉換能量的維生素B_1不足時，還是會遇到能量不足的問題，變得容易疲勞、專注力不持久。這麼說來，最近容易疲勞的孩子的確越來越多了。

此外，關於**蛋白質的代謝**，則需要**維生素**B_6。分解後的蛋白質會在人體變成胺基酸。胺基酸是人類建構身體的材料，會在人體重新合成細胞。

這時，用來協助重新合成的是維生素B_6。當維生素B_6不足，蛋白質就無法有效率地運用於肌肉或是大腦細胞。

此外，大腦活動時，用來進行訊息傳遞的神經傳遞物會經由人體的胺基酸合成。

也就是說，**維生素B6是在建構健康、充滿活力的身體和大腦時，不可缺少的營養素**。

富含維生素B6的食物，包括**鮪魚、青背魚（秋刀魚、竹筴魚、沙丁魚）、鮭魚、豬腿肉、雞胸肉、開心果、大豆**等。

此外，**維生素C**也與建構皮膚、肌腱、軟骨等組織的蛋白質、膠原蛋白合成有關。是用來維持皮膚與骨骼健康、修復傷口的必備維生素。

幾乎所有的蔬菜、水果中都含有維生素C，請各位確實攝取。

能使腦神經系統順利運作的鈣質

接著來介紹與維生素同樣只需少量，但是在人體中卻身負重責大任的**礦物質**。

礦物質當中，各位最熟悉的，應該是作為骨骼與牙齒材料的**鈣質**吧？

鈣質是人體中最多的礦物質，約占體重的1至2％。人體的鈣質有99％都存在於骨骼與牙齒等組織當中。

那麼覺得剩下的1％存在於何處呢？

答案是於血液、肌肉等全身的細胞內，這些鈣質。端視人類生命活動所需，可使血液凝固、肌肉收縮。也具有抑制神經興奮的作用。

此外，鈣質能幫助訊息傳接更加順利，加速思考速度的作用。也就是說，**鈣質是提升思考速度所不可或缺的營養素**。

一旦鈣質不足，腦神經系統無法順利傳遞訊息（思考能力下降），使無法順利將訊息傳送至用來儲存大腦部訊息的場所（是記憶力下降），連帶著學習能力也會跟著下降。

再次強調，缺乏鈣質的孩子往往會有情緒不穩定、脾氣暴躁的傾向。

不僅是為了健康的骨骼或是牙齒，如果想要建構聰明伶俐的大腦，也必須讓孩子確實攝取鈣質。

攝取鈣質可選擇以下鈣質含量豐富的食材，例如：**小松菜、波菜、小魚乾、鮮奶、起司、優格、豆腐、羊栖菜、切片蘿蔔乾**等。

然而，礦物質當中，鈣質是特別難以吸收的一種營養素。攝取鈣質時，**同時攝取**能幫助鈣質吸收的**維生素D與檸檬酸**會比較有效果。**維生素D富含於魚類、菇類之中，檸檬酸則可透過柑橘類、醋以及酸梅**等攝取。

鮮奶中所含有的鈣質吸收率較高，再加上容易大量攝取，因此相當推薦飲用。

附帶一提，國中生一天所需的鈣質為850mg。然而，實際調查結果卻顯示國中生平均每日攝取的鈣質大約僅有600mg，和所需量差了200～250mg。

這樣的量大約只要一杯鮮奶（200ml）即可補足（200ml鮮奶的鈣質含量為227mg）。

微量即可發揮重要作用的鐵、鋅、錳

除了鈣質以外，還有許多與大腦運作極為相關、青春期成長所必須的礦物質。例如：鐵質。鐵質是血液中紅血球的材料，主要工作是將氧氣搬運至全身，從頭頂搬運到腳趾頭。因此，**缺乏鐵質時，血液流動狀況就會變差，因而無法將氧氣搬運至大腦，造成大腦運作遲鈍**。

為了使骨骼強壯，除了鈣質，也需要鐵質的幫助。在身高急遽攀升的青春期，孩子容易出現缺鐵的情形。

鐵質分為包含在肉類、魚類等動物性食品中的「血基質鐵（heme iron）」以及包含在大豆食品或是蔬菜內的「非血基質鐵（nonheme iron）」。兩者差異在於**人體的吸收率**。血基質鐵的吸收率為10至30％，非血基質鐵則在5％以下。如果要更有效率地的攝取鐵質，攝取容易吸收的動物性食品會比較有幫助。

此外，人體在吸收鐵質時，一定需要讓鐵質與蛋白質結合後才能吸收。所以必須同時攝取富含蛋白質的**肉、魚、蛋、乳製品、大豆食品**。在這時同時攝取維生素C，可以大幅提昇吸收力。將**柑橘類的果汁擠在肉類、魚類食材上，就能夠幫助吸收！**

其次，葉酸與維生素B_{12}具有造血作用。建議可以攝取南瓜、花椰菜、毛豆等顏色較深的黃綠色蔬菜。

除此之外，大腦運作不可或缺的礦物質是**「鋅」**。

當大腦的鋅含量不足時，會造成**記憶力下降**。

大腦在記憶、整理訊息時，會將訊息拆解成幾個部分後再進行記憶，鋅的工作就是叫出這些整理好的記憶訊息。

鋅**除了富含於牛肉、海鮮類、帕馬森起司、大豆製品之外，也存在於海帶、香菇等黑色食物**。

另外，「**錳**」也是相當重要的礦物質。它可以協助300種以上的酵素運作、幫助人體順利產生能量、抑制神經興奮。

在礦物質的互動關係中還有一件麻煩的事，就是過度攝取鈣質，會增加錳的消耗量。因此，在攝取鈣質的同時，也必須一起攝取錳。**錳與鈣質，最理想的攝取量是1比2**。

錳富含於**海藻類**、**大豆製品**、**芝麻**、**杏仁等堅果類**之中。

活用維生素和礦物質，就能夠讓它們相輔相成，事半功倍。

為了維持聰明伶俐的大腦，不能偏重單一營養素，必須確實攝取各種不同食材中所含有的微量營養素，並注意飲食均衡。

均衡飲食，不僅是為了提升大腦機能、促進身體成長發育，在飲食習慣上，亦具有重大的意義。為了維持將來的健康，希望各位務必讓孩子從國中時期就具備均衡飲食的概念。

在此介紹一些富含礦物質的菜單給覺得「雖然有各種不同的營養素，但是不知道該給孩子吃些什麼才好」家長們。

＊簡易版羊栖菜沙拉（將泡水復原的羊栖菜與三色豆混合，淋上沙拉醬）

＊酪梨蕃茄沙拉

＊香蕉馬鈴薯優格

＊綜合菇豆飯

＊海帶湯

這些都是很簡單的菜色，在平時的點心上撒一些堅果或是芝麻，能夠補充足夠的礦物質。

請務必活用於每天的餐桌上！

海鮮類選擇當季漁貨，在烹調方法上下功夫

先前提過，希望各位務必在嬰兒時期，積極給予孩子能夠幫助大腦神經細胞發育生長的ＤＨＡ。從大腦發展的階段來看，雖然國中生的大腦幾乎已經幾乎發展到與成人的大腦無異，持續攝取ＤＨＡ還是很重要的。

細胞會因為所攝取的營養素不同，在一定期間內使得建構成分有所變化。攝取較多ＤＨＡ的人，大腦細胞中的ＤＨＡ含量也會比較高；從動物性脂肪中攝取較多飽和脂肪酸的人，大腦就會含有較多的飽和脂肪酸。

在考試時能夠充分發揮實力大腦細胞，富含ＤＨＡ、能夠產生快速變化反應。

希望各位能夠確實攝取DHA。

如同先前的說明，海鮮類富含DHA。最近的孩子和年輕族群總是不太喜歡吃魚，但是以健康層面來說，還是希望各位能夠積極地食用海鮮類。

特別推薦油脂肥美的當季漁貨

海鮮類當中，DHA含量特別豐富的是秋刀魚、鯖魚、沙丁魚、竹筴魚等鯖魚類。此外，因為DHA是建構脂質的成分，所以會包含在魚肉脂肪內。**脂肪肥美的當季漁貨**，往往含有較多的DHA。

脂肪較多的部分，也會含有較多的DHA。以鮪魚為例，本鮪魚的瘦肉部分DHA含量為115mg，鮪魚肚的DHA含量則為2877mg。也就是說，食用鮪魚時，**與其攝取瘦肉的DHA，不如攝取後腹部的鮪魚肚；比起攝取後腹部的鮪魚肚，不如攝取前腹部的鮪魚肚**。

話雖如此，鮪魚肚不便宜，並非經常能吃到，常吃青背魚，也會吃到膩。

任何一種海鮮類本身多多少少都含有ＤＨＡ，因此與其限定魚的種類或是部位，倒不如每天盡量讓孩子在餐桌上攝取各種不同的魚類，並且在烹調上多下一點功夫。

生魚片更能夠確實攝取ＤＨＡ

比起在意魚的種類或是部位，希望各位能夠多加注意的是烹調方法。

ＤＨＡ包含在魚肉脂肪當中，因此如果用烤網進行鹽烤等方式，會去除掉脂肪，因而失去相當多的ＤＨＡ，而減少實際的攝取量。此外，油炸也會讓魚肉的脂質肪流失，使得可攝取的ＤＨＡ大幅下降。

損失最少、又能夠確實攝取到ＤＨＡ的吃法，就是**生魚片**。

然而，由於不可能每天都吃生魚片，所以也可以試著改用其他的烹調方式。

例如：將魚肉煮熟後，連同煮魚的湯汁一起食用，可以同時攝取到溶解在湯汁內的ＤＨＡ。比如馬賽魚湯或是在燉煮料理中使用海鮮類後，連同湯汁一起食用、便能確實攝取DHA。

容易氧化的DHA，可以與維生素ACE一起攝取

DHA除了容易與脂質一起流失，還有一個缺點，就是「**容易氧化**」。氧化會在接觸空氣時發生，也會因為加熱而使氧化速度加快。

因此，為了更有效率地攝取魚肉中的DHA，必須與具有抑制氧化能力，也就是**與具有抗氧化作用的食品一起食用**。

說到抗氧化，就會想到**維生素A、C、E**。我們有時候會將這種三種維生素合稱為「**維生素ACE**」。

維生素A包含在蔬菜或是水果內時，是一種稱為「**β-胡蘿蔔素**」的色素成分，會在人體內轉換成維生素A，發揮強大的抗氧化作用。

富含β-胡蘿蔔素的蔬菜有**胡蘿蔔、南瓜、波菜，以及紅萵苣**（sunny lettuce）

等，富含於**哈密瓜**、**橘子**、**芒果**等水果之中。

β-胡蘿蔔素屬於脂溶性，因此如果**與油脂同時攝取**，更能夠提高人體的吸收率。除了熱炒之外，也可以使用優質的油品作為佐料。佐料方面推薦使用與DHA同樣性質的Omega-3脂肪酸、能夠在人體發揮與DHA相同的功能、**含有豐富α-亞麻酸的亞麻仁油或是荏胡麻油**。

眾所周知，**維生素C**也具有高度的抗氧化作用，富含於**油菜**、**青椒**、**花椰菜等蔬菜**，**以及草莓**、**奇異果**、**柳橙等柑橘類**水果之中。**烤魚擠上檸檬或是酢橘**等柑橘類，不只更加美味，也是一種能夠聰明攝取DHA的方法。

然而，維生素C容易溶解於水，又怕熱，所以往往會在蔬菜預煮、過水清洗時就不斷地流失，因此必須盡量縮短加熱時間。事前預煮時，不要使用熱水，而是改用微波爐等烹煮，即可抑制相當幅度的損失。

馬鈴薯中所含有的維生素C比較耐熱，加熱過後所損失的情形也比較低，因此

豆類與蔬菜（礦物質）滿載的食譜

大腦開發專用沙拉佐鮭魚糖醋醬

烹調時間 15 分鐘

1. 將壽司醋與亞麻仁油與(A)混合。

2. 淋上混合好的(B)即可。

材料（2 人份）

(A)乾燥海帶芽（泡水復原）	1 大匙
(A)洋蔥（切片）	1/4 顆
(A)黃色彩椒（切片）	1/4 顆
(A)燻鮭魚	6 片
(A)蒸熟大豆	50g
壽司醋	2 小匙
亞麻仁油	2 小匙
(B)原味優格	2 大匙
(B)蒜泥	1/3 小匙
(B)鹽・胡椒	少量
(B)蜂蜜	1/2 小匙

佈滿脂肪的燻鮭魚是相當推薦食用的大腦開發專用食材。請與大豆一起食用。

建議可以積極攝取馬鈴薯。

接著是**維生素E**。具有強大的抗氧化能力，被視為可以幫助細胞變年輕的維生素。

維生素E大多富含於**南瓜**、**酪梨**，**以及杏仁等堅果類**。在魚肉料理上灑上堅果也是一個好方法。此外，由於**橄欖油與芝麻油等植物油**中含有豐富的維生素E，建議可以使用這些油品進行烹調。

魚肉是青春期最需要的營養寶庫

為了幫助大腦加速運作，建議各位多方攝取DHA。在能夠確實攝取到DHA的食材方面，「魚肉」是國中生們餐桌上絕對不可缺席的食物。

魚肉當中除了DHA，還含有大量能夠調節青春期體質作用的成分。比方說，攝取**小魚**可以同時攝取到鈣質，讓骨骼強壯，還能夠幫助大腦運轉順利、提升思考速度，在穩定神經方面亦很有助益。

鮭魚以及蝦殼中所含有的色素成分**「蝦青素（Astaxanthin）」**亦具有很強的抗氧化能力。除了能夠保護容易氧化的DHA，作為維護細胞健康的成分，蝦青素也有非常優異的表現。

花枝、蝦、章魚等食材中含有**「牛磺酸（taurine）」**，是可以讓人體變得健康有活力的強力戰友。說到牛磺酸，各位應該多少知道，就是在營養補充飲品中，能夠提神的成分。

烹調時間 25 分鐘

奶油鮭魚拌馬鈴薯

1. 鍋中放入馬鈴薯、高湯、調味料後開火。

2. 蓋上鍋蓋煮至冒泡，待馬鈴薯幾乎熟透後，加入鮭魚一起烹煮。

3. 熬到湯汁收乾，最後放入蒸熟大豆、奶油，攪拌均勻。

4. 盛入容器內，撒上青海苔即完成。

材料（4 人份）

馬鈴薯	3 顆
※切成 4 至 6 等分	
高湯	2 杯
米酒	2 大匙
味醂	2 大匙
醬油	2 大匙
鮭魚	4 片
※切成 2 至 3 等分	
蒸熟大豆	100g
奶油	25g
青海苔	少量

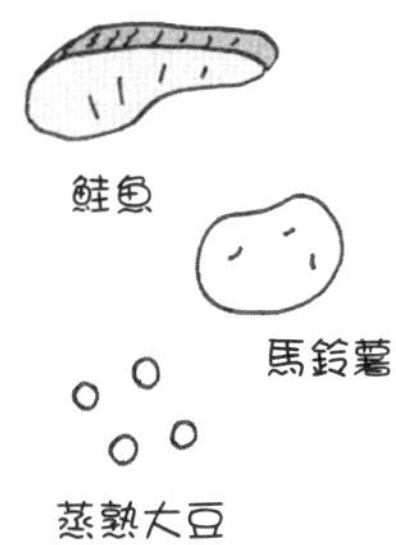

讓馬鈴薯吸收湯汁，
或是用太白粉勾芡

為了每日努力念書、忙於補習班等活動的國中生們，請務必每天提供這些能促進健康活力的食材。

活用牛肉、豬肉、雞肉

作為肌肉骨骼材料的蛋白質，是建構健康人體必備的營養素。此外，作為大腦細胞以及神經傳遞物的材料，蛋白質也是用來建構聰明頭腦的重要物質。肉類擁有所有均衡建構蛋白質的「必需胺基酸」，是現代人飲食中不可或缺的蛋白質來源。

升上國中後，有些孩子會因為社團活動而必須努力練習。也有些孩子則會參加補習班，功念書到深夜。這個年紀，是以精力一決勝負的。請務必聰明利用肉類食材，支援孩子健康的每一天。

常見的肉類有牛肉、豬肉、雞肉。從攝取蛋白質的觀點來看，每一種肉類都是胺基酸分數高的優質蛋白質來源。

然而，除了蛋白質以外，不同肉類中所含有的維生素及礦物質又各有千秋，必須活用這點，不偏食任一種，輪流交替攝取。

牛肉含有豐富的鐵質，能強化大腦的血液循環！

首先，**牛肉**當中的**鐵質**含量相當豐富。鐵質是血液中紅血球的材料，扮演著將從肺部吸入的氧氣供給至全身的角色。如果鐵質不足，氧氣就無法傳至大腦，大腦的運作情形就會變差，因而容易疲勞，也可能成為頭痛的原因。

女孩在這個時期正逢月經初潮，容易引起慢性貧血。請各位留意讓孩子確實攝取鐵質。

鐵質是人體難以吸收的成分，可以與蛋白質一起攝取，以提升吸收率。

針對這一點，比起蔬菜等植物性食品中所含有的鐵質，攝取牛肉等動物性食品中所含有的鐵質，效率會更好。

推薦將牛腿肉切片後抹上鹽麴（或鹽）、放入豆芽菜捲起，再以橄欖油煎至酥脆的「牛肉銀芽捲」，可以搭配檸檬一起食用。

豬肉豐富的維生素B群，可以恢復疲勞、提升活力！

接著是**豬肉**。說到豬肉當中所含有的豐富微量成分，就是**維生素B₁**！

維生素B群中含有許多與代謝相關的維生素，其中**用來幫助醣類轉換為能量的就是維生素B₁**。缺乏維生素B₁時，無法順利進行醣類代謝，也無法儲存體力，因而使人容易感到疲勞。當然，也無法將能量傳送至大腦，造成大腦運作狀況變差。

此外，維生素B₁可以與**大蒜**、**生薑等香辛類蔬菜**、**青蔥**、**洋蔥**、**韭菜等蔥屬類的「二烯丙基二硫（DADS）」**同時攝取，讓維生素B₁更能夠發揮作用！

香蒜味噌煎豬肉花椰菜（4 人份）

烹調時間 15 分鐘

1. 將200g以鹽、胡椒醃製過的豬肉（切成小塊）與 50g分成小束狀的花椰菜，以及香蒜味噌醬（3大匙味噌、1大匙寡糖、1小匙大蒜泥）混合。

2. 在平底鍋中加熱芝麻油，放入豬肉與花椰菜一起煎烤，肉的部分再沾取味噌醬即可。

味噌：寡糖的比例也就是 3：1
假設味噌 60g，即搭配 1 大匙寡糖

自製味噌醬。建議在家中常備自製的寡糖味噌醬，並且多多利用。可以在冰箱儲存 2 週左右。推薦可以用來炒豬肉與高麗菜。或是塗在飯糰上，製作烤飯糰。

大蒜

味噌與大蒜皆含有豐富的維生素B_1，非常適合與肉品搭配著一起食用

豬肉與大蒜、青蔥、韭菜的味道非常搭，也是國、高中生等急需飽足感的時期非常受歡迎的菜色組合。請將豬肉與這一類蔬菜搭配，讓孩子攝取一道可以充滿活力的料理吧。

低熱量、高蛋白質的雞肉含有豐富的維生素A！

說到雞肉，往往會讓人有一種比其他肉類的脂肪量少、比較健康的印象。的確，食用雞里肌肉或是雞胸肉可以減少脂肪的攝取，並且確實攝取到蛋白質，是職業運動選手們喜好的食材，也是相當優秀的蛋白質來源。

然而，這些部位的脂肪含量較少，口感也會比較柴、難以食用。

就算同樣具有恰到好處的脂肪量，許多孩子似乎比較喜歡雞腿肉做的炸雞塊勝過雞里肌肉或是雞胸肉。請各位在烹調方法上多花點心思，聰明做出多汁軟嫩的成品吧。請參考第75頁中介紹過的「優格雞肉捲」或是右頁的食譜。

香軟南蠻雞
佐毛豆塔塔醬（2 人份）

烹調時間 25 分鐘

1. 先在 1 片雞胸肉上切出幾條刀痕後，用米酒搓揉雞肉。

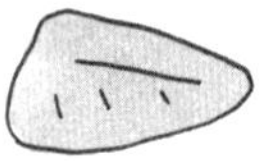

雞胸肉

2. 整片肉撒上胡椒、麵粉，放入蛋液中，再鋪一次麵粉，在平底鍋中倒入橄欖油，煎烤兩面。

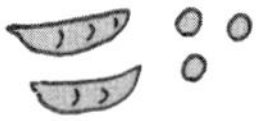

毛豆

塔塔醬

3. 擦去平底鍋中的油，加入攪拌好的醬汁（3 大匙蔗糖、2 大匙米醋、1.5 大匙醬油）一起煮。

4. 盛入盤中，於市售塔塔醬中混入切碎毛豆後淋上即可。

※註：「南蠻風」即南歐風味。

此外，雞肉也富含**維生素**A。維生素A具有維持皮膚、喉嚨、鼻腔、肺部、消化道等黏膜正常的作用，能夠提升免疫力、預防感冒或是流感，是非常重要的維生素。

維生素A還有助於恢復眼睛疲勞。是正在努力用功念書的國中生必備的營養素。

容易攝取不足的營養素，就靠常備食材補充

目前為止，我們已經知道要建構健康的大腦與身體，需要許多營養素。

或許有人說：「我不擅長做菜，已經在工作與家事之間忙得團團轉了，實在沒有辦法再花時間準備飲食。」

所謂的家常菜，本來就不需要花太多工夫。當然，好不好吃很重要，但是也沒必要做到「專家級的程度」。

偶爾花錢上館子用餐，以及為了家人健康而每天製作家常菜，兩者有著截然不同的意義。

雖然如果能夠以專家為目標，享受慢慢製作料理的快樂時光也很不錯，但是**能**

夠輕鬆製作每天的飲食、簡單達成營養均衡才是最重要的。

市面上有許多**「輔助食材」**能夠讓我們快速做出營養均衡的飲食。家中常備這些食材，就能夠讓每天做菜這件事情輕鬆不少。以下將介紹幾個可以用來守護家人健康的簡單秘訣。

每天都有水果上桌，補充維生素與抗氧化物質

對忙碌的家長而言，**水果**簡直就是強力戰友。不但完全不需要烹調，只要清洗過後裝盤或剝皮即可上桌，是用來預防感冒的必備食材，還能夠確實攝取到維生素C，以及整頓腸道環境所需的膳食纖維。

每個季節都會出產當季的水果，只要在該時令收成的各種水果中選擇喜歡的即可。

春天，首推富含維生素C的**草莓**。到了夏天，則有**哈密瓜**與**西瓜**。哈密瓜含有抗氧化成分「β-胡蘿蔔素」，西瓜則含有豐富的「番茄紅素（Lycopene）」可以藉由其強大的抗氧化作用守護細胞。秋天的**柿子**含有豐富的維生素C以及β-胡蘿蔔素。**葡萄**則含有維護眼睛健康所需的「花青素（anthocyanin）」。

此外，冬天的**蘋果**是被人們譽為「一天一蘋果，醫生遠離我」，健康效果相當高的水果。不但膳食纖維豐富，還含有「蘋果多酚（polyphenol）」這種具備高度抗氧化作用的成分。

除此之外，整年都排列在超市架上的**葡萄柚**、**柳橙**、**奇異果**也是維生素的寶庫。**香蕉**的醣類較高，富含各種維生素、鉀離子、膳食纖維，可以用來取代主食，拿來當作早餐或是點心都很不錯。

然而，水果當中往往含有許多果糖，為了避免造成肥胖，請注意避免過度食用。

家中常備堅果、豆類、水果乾，補充維生素與礦物質！

對於一些容易缺乏的營養素，可以先在家中常備一些含量豐富、得以常溫長期保存的食材。覺得營養不足時，可以立刻派上用場。

首先是**堅果類**。堅果類集結了植物的營養，可以說是「天然的營養補充食品」。可以直接抓起來當點心吃，或是輕鬆地加在料理當中。

每一種堅果都含有豐富的維生素E。如同先前所介紹過的，維生素E具有高度的抗氧化作用。可以保護容易氧化的DHA，所以使用於魚肉料理時能攝取到更多的DHA。

此外，幾乎所有的堅果中都含有可以將醣類轉變成為能量的維生素B_1，還可以攝取到膳食纖維，可以利用於**優格**、**麥片**，或是做為**沙拉**以及**義大利麵上的點綴裝**

飾。

特別有益於活化大腦運作的堅果類食物，整理如下：

＊胡桃：即核桃。含有許多可以在人體與DHA進行相同作用的Omega-3脂肪酸、「α-亞麻酸」，能夠有效活化大腦。

＊花生：能夠建構神經傳遞物「乙醯膽鹼」，並且含有能夠加速大腦神經細胞運作的「卵磷脂」。

這兩種堅果很適合用來當作準備考試念書時的小點心。

此外，與堅果類同樣可用於優格或是麥片點綴裝飾的是**水果乾**。水果乾中濃縮了水果的營養，可以攝取到鉀、鐵、錳、鋅、銅、磷等維生素。

這些維生素含有豐富的膳食纖維，能夠改善腸道環境。與優格一起食用，效果更好。

以下為適合在家中常備的水果乾。

＊芒果乾：可以攝取到提升免疫力所必需的維生素A與維生素C。

＊梅乾：富含鐵質，可以促進血液循環，並且確實將血液送至大腦。所含有的多酚可以預防細胞氧化。

＊無花果：富含水溶性膳食纖維「果膠（Pectin）」。

＊杏：富含維生素A，鉀離子也很豐富，可以幫助排除人體攝取過多的鹽分。

另外，強烈推薦方便用於烹調的常備食材，就是**大豆及其加工食品**。我們在第83頁中曾介紹過。

乾燥豆類需要先浸泡等事前處理，的確有點麻煩，如果有**水煮罐頭或是蒸熟大豆等可以立即使用的真空即食食品**，可說如獲至寶。

將**高野豆腐**磨碎後，可以取代用於漢堡肉的麵包粉，即可有效提高營養價值。常備在側，會相當方便！

豆類除了富含優質蛋白質，還有豐富的膳食纖維以及礦物質等人體容易缺乏的微量營養素。大豆中還有可以幫助提升記憶力的卵磷脂。

接著，還有一種希望各位務必在冷凍庫內備用的是**「冷凍毛豆」**。毛豆兼具豆類的營養素與黃綠色蔬菜的優點，除了蛋白質以外，還可以攝取到葉酸等維生素B群。

如果剛好遇到產季，也可以使用新鮮的毛豆。冷凍食品的好處就是解凍就可以立即食用，而且一整年都可以使用。由於冷凍毛豆是當季收穫後立即水煮冷凍，營養損失極低也是其優勢。

海藻海帶類富含膳食纖維、維生素、礦物質，乾燥品還可以長期保存！

海藻海帶類也是常備在側會很方便的食材。特別是不需要烹調，什麼食物都百搭的**海苔**，更是超級幫手。海苔雖然經常用於不起眼的飯糰等料理，但是營養價值極高。

海苔中含有各種不同的維生素，其中最多的是**維生素**A。2片整張海苔（約21 cm×19 cm）即能滿足孩子一整天所需的量。討厭蔬菜的孩子可以多食用海苔，以補足未攝取的黃綠色蔬菜。令人意外的是，海苔中還含有維生素C。

此外，海苔亦富含可將醣類轉換為能量的維生素B_1，用海苔包飯糰也是非常棒的組合。

除了豐富的**鐵質**、**鈣質**等**礦物質**之外，海苔還含有**蛋白質**。只要在飯上加一片海苔，就能大幅提升營養，而且因為是乾燥食物，還可以長期保存，相當方便。

海帶芽可以放入味噌湯，或是添加在沙拉中，是活用範圍相當廣泛的食材。海帶芽中含有豐富的「碘」可以加速人體新陳代謝。海帶芽上特殊的黏液是膳食纖維的「海藻酸（alginsaure）」。海藻酸會減緩食物從胃部至小腸的移動速度，扮演著預防血糖上升的角色。

在孩子的求學時期，讓腦部穩定運作是很重要的。海帶芽的海藻酸能減緩食物消化的速度，也能預防血糖值上升，提升孩子的續戰力。

亞麻仁油、蘋果醋、寡糖也能幫助大腦開發！

以下將介紹可以促進健康、含有幫助大腦開發的成分的調味料。

＊亞麻仁油、荏胡麻油、紫蘇油：富含α-亞麻酸的油脂

亞麻仁油、荏胡麻油、紫蘇油中含有豐富的「α-亞麻酸」。α-亞麻酸與DHA同樣是Omega-3脂肪酸的夥伴。Omega-3脂肪酸進入人體後就會轉換成DHA，並且發揮作用。

這些油基本上都**不需要加熱，可以直接生食**。α-亞麻酸會因為加熱而氧化，所以不能作為炒菜或是油炸等調理油，只能作為調味料使用。

最簡單的使用方法是**「稍微加一點」**。可以在沙拉、泡菜、納豆、生魚片、味噌湯、各種湯品中加入1湯匙，也很推薦加入冰沙或是優格。由於沒有特殊的強烈氣味，與任何素材都很合拍。

附帶一提，在市售的番茄醬與沙拉醬中加入一點味噌或是醬油，即可變身成為特製調味料，大幅提升烹調的風味。

＊醋：富含檸檬酸

在促進大腦活化方面，醋是一種應該要積極運用的調味料。醋當中所含有的「檸檬酸」具有可以提升新陳代謝、使血液循環流暢的效果。如果想要恢復疲勞、促進大腦活化，請務必多吃醋。

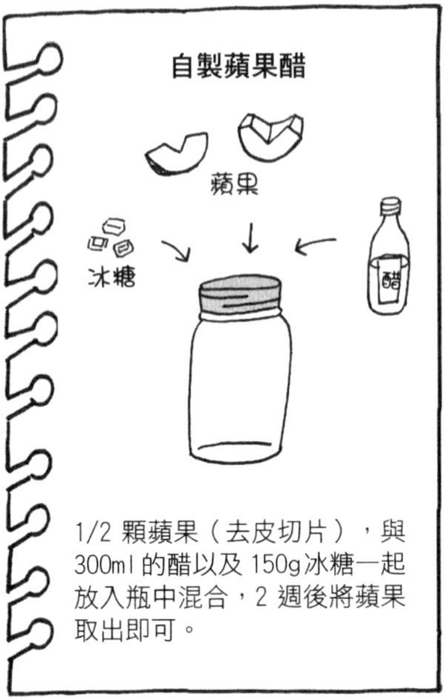
自製蘋果醋
蘋果
冰糖
醋
1/2 顆蘋果（去皮切片），與300ml 的醋以及 150g 冰糖一起放入瓶中混合，2 週後將蘋果取出即可。

蘋果醋等**水果醋**會因為醋的酸味，使得水果香氣更為濃郁，直接飲用就是非常好喝的醋飲料。

水果中含有名為「果膠」的膳食纖維。將醋以碳酸飲料或是果汁稀釋，也可以成為恢復疲勞的飲料。

＊寡糖：促使腸道內益菌運作

寡糖能成為腸道中好菌的養分，也能協助好菌維持腸道健康，寡糖搭配根莖葉菜類，或是發酵食品等可以幫助改善腸道環境的食品一起食用，效果更佳。寡糖可以在超市的砂糖銷售架取得。

家中常備以味噌與寡糖以3：1的比例作出的「寡糖味噌」，也會相當方便。

寡糖味噌的製作方法，請參照第176頁。

＊脫脂奶粉、帕馬森起司：輕鬆補充鈣質、蛋白質的來源

脫脂奶粉，是一種去除生乳或是鮮奶的脂肪與水分後的粉末，也是濃縮鮮奶營養後，補充鈣質的選擇之一。脫脂奶粉的蛋白質與鈣質與鮮奶同樣優異，但是脂肪卻幾乎為零，熱量僅有鮮奶的一半。由於方便保存，常備在側，亦可做為調味料，運用於各種料理當中。

比方說，可以將脫脂奶粉加在咖哩或是漢堡肉的材料當中，混入優格、煮好的米飯、山藥泥裡，也很推薦加在雞蛋料理當中。不僅可以提升營養價值，整道菜也會變得更濃郁、更美味。

用脫脂奶粉製作的番茄冰沙

將 2 大匙脫脂奶粉、100g番茄、50g冷凍芒果、1 小匙寡糖、50ml 水，全部放入果汁機攪打。再加入冰塊和適量亞麻仁油即可。

烹調時間 10 分鐘

帕馬森起司碗豆鬆軟炒蛋（1人份）

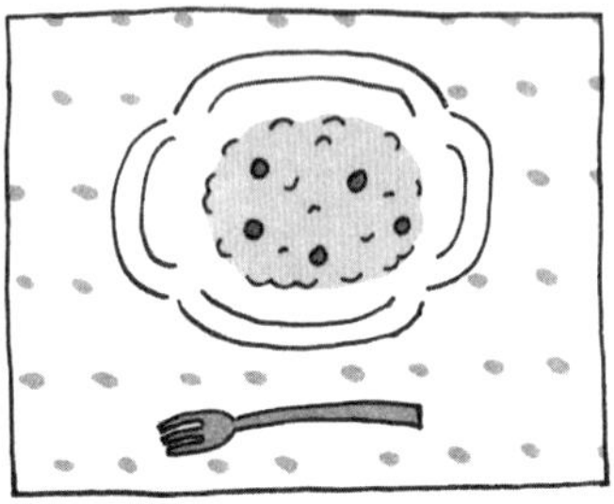

將1顆雞蛋打散後放入2大匙鮮奶、2小匙起司粉、20g冷凍碗豆，攪拌均勻後灑上鹽巴、胡椒，以橄欖油拌炒即成。

帕馬森起司含有一定的鹽分，因此可以用來取代鹽巴。由於味道濃郁，還能夠減少鹽分攝取。比方說，可以用來當作炒飯、香料飯（Pilaf）、煎蛋的調味，也可以與麵包粉混合，成為帶有香氣的油炸麵衣。加一些帕馬森起司在鬆餅的麵糊裡，也能讓美味層次提升。

提升免疫力，打造不請假的好體質

各位是否遇過孩子「考試當天發燒，結果無法發揮平常的實力」的情形呢？拼命用功，到了考試當天卻因為身體不適，無法考出好成績實在太可惜了。

每位家長都希望孩子正式上場時，身體能夠處於最佳狀態吧？孩子成為國中生後，家長通常不會再幫忙看顧功課。對於要面對考試的孩子，家長們唯一能夠做的，就是透過飲食幫忙孩子管理健康。

想要提升孩子的免疫力，第一件事情就是要**「確實攝取蛋白質」**。

免疫細胞會為了保護我們的身體而運作，並在工作結束後消滅。為了經常建構出新的免疫細胞，每天都需要補充用來作為免疫細胞材料的蛋白質。

維生素A、C、E具有可使黏膜組織強壯、阻擋病毒從喉嚨或是鼻腔黏膜侵入、活化免疫細胞的作用。

為了提高免疫力，有幾項需要注意，但是重點在於**「整頓腸道環境」**。

「腸道運作」，是提升免疫力的關鍵

免疫力是指「保護身體的系統」。除了抑制從外部侵入至人體的病原細菌或是病毒增殖外，也能破壞人體生出的癌症細胞。

掌管這些免疫力的是人體的免疫細胞。免疫細胞會在淋巴管以及血管內巡邏，隨時注意是否有病毒或是細菌從外部入侵、是否會危害健康，一旦發現就會立刻予以擊退。

在了解免疫力的運作之後，接下來將講解免疫力與腸道的關係。

免疫細胞雖然存在於血液當中，幫在體內巡邏，但大約**有60％的免疫細胞是存在於腸道內**。這也是「腸道好，才能提升免疫力」的原因。許多細菌或是病毒會隨著食物一起進入腸道，阻擋這些侵入份子也是腸道的重要工作。

為了提升免疫力，勢必要整頓腸道環境。因為便祕、腹瀉等原因使得腸道環境惡化時，腸道的免疫細胞運作狀況也會變差。

腸道內有一千種，總數約有一百兆的細菌，這些細菌集團稱為「腸道菌叢」。腸道環境的好壞，即是取決於腸道菌叢內的菌種。

腸道菌叢中，有對人體帶有良好作用的「**好菌**」、會帶來不良影響的「**壞菌**」，以及沒有特別好或是特別壞的「**中性菌**」。這3種細菌經常在腸道內爭奪地盤。

好菌的代表是「**乳酸菌**」。乳酸菌可以促進腸道內的消化吸收，並且分解從食物中所攝取的醣類。乳酸菌除了會製造出乳酸與醋酸，還能夠製造維生素B群。

壞菌增強後，會使得人體出現各種不同不良的影響。壞菌的代表是「**產氣莢膜**

梭菌」。它會產生致癌物質及有毒物質。

整頓腸道環境時，最重要的是**必須攝取能夠促進排便、幫助排出腸道內老廢物質的膳食纖維**。膳食纖維會成為腸道內好菌的養分，並且能夠整頓腸道運作。

希望各位每天都能夠藉由三餐攝取到蔬菜、菇類、海藻等膳食纖維豐富的食物。

將發酵食品混合食用，增加好菌

為了增加腸道內的好菌，確實攝取乳酸菌也很重要。

除了少數從食物攝取而來的乳酸菌能夠活著進入腸道，大多數的乳酸菌會被胃酸殺死而無法抵達腸道。

能夠活著抵達腸道的乳酸菌，雖然不會定居在腸道內，但是在被排出之前仍有一段時間可以在腸道內以好菌的型態進行工作。

經常會有人問：「死掉的乳酸菌難道就沒用嗎？」事實上，並非如此。乳酸菌不論是生是死，都能夠發揮相同的作用，甚至效果更好。

乳酸菌的作用之一是近年來備受矚目的議題，乳酸菌的菌體本身即具有提升免疫力的力量，不論乳酸菌生或死都不會影響這個效果。這是因為乳酸菌提升免疫力的效果源自於建構菌體的成分，該菌體的成分能開啟腸壁上的免疫開關，促進人體分泌免疫成分。

除此之外，乳酸菌的殘骸會吸附壞菌喜愛的有害物質，並且在形成糞便後排放至體外，或是成為腸道好菌的養分，活化腸道的好菌，對於維護人體健康有很大的幫助。

為了保護人體不受感冒、流感侵襲。請務必積極攝取乳酸菌含量豐富的**優格**、**味噌**、**納豆等發酵食品**。

將幾種發酵食品搭配組合在一起食用，會更有效果。比方說，優格與各種食材搭配起來都非常適合。除了搭配味噌做成蔬菜棒的沾醬，加在泡菜、納豆或甜酒裡也很美味。重點是，能攝取到豐富的乳酸菌。

近年來，腸道被稱作**「第二個大腦」**，作為影響大腦運作的器官而備受矚目。和大腦的中樞神經一樣，腸道內亦具備了獨立的腸神經系統（Enteric Nervous System, ENS）。

這兩個神經系統會互相影響，如果腸道環境惡化，也會對大腦運作產生不良的影響，請各位好好注意腸道健康。

幫助血液流動、大腦活化的第七營養素「植化素」

為了活化大腦、提高專注力與記憶力，必須經常維持大腦的血液流動順暢。

近來，飲食習慣受到歐美國家的影響，攝取動物性脂肪的頻率增加。然而，油膩的飲食與速食食品容易造成血管老化、使血液變得黏稠。

為了幫助大腦加速運作，維持血管的健康，使血流順暢才能預防血液「氧化」。

這時，受到矚目的就是被稱為**「第七營養素」**的**植化素**（phytochemical）。

植化素是**蔬菜與水果中的色素成分**，具有高度的抗氧化力。

順便複習一下，三大營養素是指「碳水化合物」、「蛋白質」、「脂質」。五大營養素則是再加上「維生素」與「礦物質」。六大營養素是加上「膳食纖維」。

大腦承受壓力時，會呈現容易氧化的狀態。在食物中聰明利用植化素的抗氧化作用，即可有效維持血液流動順暢。

七種顏色的植化素，讓大腦的血液流動順暢

植化素的色素共有七種，因顏色不同而有各種不同的效能。因此，每週應該積極攝取七種不同顏色的蔬菜，並在製作飲食時試著在食材方面多做點變化。以下整理植化素的效能，以及一些比較具有代表性的食材。

●紅色的植化素

＊茄紅素（Lycopene）（具有維生素E的一千倍、胡蘿蔔素兩倍以上的抗氧化能力）：番茄、西瓜、金時胡蘿蔔、柿子等。

＊辣椒紅素／類胡蘿蔔素（Capsanthin）（具有與蘋果同等，甚至更高級的抗氧

化能力）：甜椒、辣椒

●橘色的植化素

＊維生素A（provitamin A）：南瓜、胡蘿蔔、橘子、波菜

＊玉米黃素（Zeaxanthin）：木瓜、芒果、花椰菜、波菜

●黃色的植化素

＊類黃酮（flavonoid）：洋蔥、波菜、巴西里（香芹）、檸檬、柑橘類

＊葉黃素（Lutein）：玉米、波菜、花椰菜、金黃奇異果、南瓜

●綠色的植化素

＊葉綠素（Chlorophyll）：波菜、黃麻嫩葉、花椰菜、秋葵、日本茼蒿、青椒

●紫色的植化素

＊花色素苷（anthocyanin）：茄子、紫芋地瓜、紅紫蘇、紫甘藍、菊苣、漿果類、黑豆

●黑色的植化素

＊綠原酸（chlorogenic acid）：牛蒡、菊薯（雪蓮薯）、馬鈴薯、香蕉、茄子

*兒茶素（catechin）、單寧酸（tannin）：綠茶、柿子

●白色的植化素（具有幫助血液流動順暢的效果）

*異硫氰酸酯（Isothiocyanate）：高麗菜（結球甘藍）、蘿蔔、山葵、花椰菜等十字花科蔬菜

*二烯丙基二硫（diallyl sulfide）：青蔥、洋蔥、大蒜、韭菜

最佳宵夜──「蔬菜湯」

攝取植化素最好的辦法就是喝蔬菜湯。加熱後蔬菜的量看起來會變少，可以大量攝取，也可以同時攝取到溶解在湯內的營養成分。

在寒冷的冬天喝一碗熱湯，能讓身體溫和、提高新陳代謝，幫助營養順利運送至大腦。

由於容易消化吸收，在天氣寒冷的考試季節，很適合做點蔬菜湯當孩子的宵

適合考生的宵夜食譜

南瓜大豆湯（1 人份）

烹調時間 10 分鐘

1. 將 50g 南瓜、1/8 顆洋蔥切片後，放入微波爐加熱 2 分鐘。

2. 將⑴與 1 大匙蒸熟大豆、150ml 鮮奶、1/3 小匙的雞湯粉混合，放入果汁機攪拌。

3. 將⑴與⑵倒入鍋中，煮滾後完成。

黃色是能夠醒腦、活化大腦的顏色。也可以加一點咖哩粉，讓味道有所變化。調味只要稍微加入雞湯粉即可。

夜。

蔬菜湯包含了構成神經細胞的蛋白質，再加上幫助傳遞大腦訊息必備的鈣質、維生素與礦物質，是非常理想的飲食組合。

說到吃宵夜，大家通常會選擇油膩的拉麵或是烏龍麵、義大利麵或是甜麵包、飯糰等，但是這些碳水化合物過多的宵夜，食用後血糖值會立刻攀升，造成血液集中在胃部，使得大腦運作變得遲鈍，進而造成理解力、記憶力下降。這樣一來，念書的效率自然變差。

念書時，吃些市販的零食當點心，會加速腸胃蠕動，進而妨礙大腦運作。單看碳水化合物以及動物性脂肪對身體的影響，最好避免食用市販的零食。

冬季推薦可以食用「南瓜大豆湯」。食譜請參照前一頁。南瓜的黃色能夠刺激大腦。加入咖哩粉，也能讓味道更有變化。

7 雖然孩子大腦逐漸成熟，家長仍需注意飲食問題

升上國中後，孩子需要學的科目變多，內容也變得更深，學習時間跟著變長。遇到期中考或是期末考，甚至得長時間複習。

這時，孩子們往往必須念書到深夜，使得就寢時間變晚，睡眠時間也因此縮短。希望各位留意，在這樣生活型態變化下，「**宵夜**」的攝取方法。這個部分在前一個章節中，也稍微提過。

宵夜請選擇容易消化的食物，並注意食用時間

孩子到半夜11、12點還在用功，一定會覺得肚子餓吧。這種時候，請務必多多留意，選擇一些對腸胃負擔較輕的食物。如果選擇需要花時間消化的食物，即使已經就寢，孩子的腸胃還是得持續進行消化吸收，當然無法讓大腦充分休息。

此外，也要注意吃宵夜的時間。宵夜應該盡量在睡前2小時吃完，保持睡前稍微感到餓的程度，才不會妨礙睡眠，隔天也不會因此腸胃不適。

避免要持續攝取高鹽分的飲食

先曾數度提及，孩童時期如果經常讓孩子攝取鹽分過高的飲食，長大後會對健康帶來許多不良的影響。

烹調時間 10 分鐘

使用微波爐即可輕鬆製作！
高麗菜鮮奶湯豆腐（1人份）

1. 在較深的耐熱容器內放入20g撕成小片的高麗菜、100g絹豆腐、鮮奶（大約可以蓋過高麗菜的量），再放上一片起司片，用保鮮膜包起後加熱至起司融化。

2. 淋上亞麻仁油、少量柚子醋即可。

高麗菜可以幫助胃黏膜修復再生，豆腐則是非常好消化的蛋白質，相當推薦做為宵夜。鮮奶可以補充鈣質，具有舒緩心情的效果。

從開始建立味覺的幼兒時期，到孩子12歲左右，如果總是選擇高鹽分的飲食，舌頭就會習慣，將來也會偏好濃郁的調味。

這個時期要多注意的是，過度攝取鹽分容易導致血管阻塞，進而造成血液流動變慢。血液流動不順時，血液循環會變差，血液也無法送到大腦。如此一來，會**造成思考力、專注力下降**，進而對大腦運作產生不良的影響。希望各位幫忙注意，即便孩子上了國中生，仍要持續控制鹽分。

國中時期開始，孩子可以接觸**生薑**、

大蒜、咖哩粉等辛香料，妥善利用這些辛香料，也能幫孩子控制鹽分。

生魚片、納豆等需要醬油的料理，必須特別注意！

食用上述料理時，若沾取太多醬油，就會攝取到過多的鹽分。建議可以改用**柚子醋**，或是以**稀釋醬油**（以水1：醬油1的比例混合）的方式取代醬油。

此外，雖然帶有香氣，富含鈣質與膳食纖維的**芝麻**是個好選擇，若以幫助大腦開發的角度來說，還是推薦使用富含Omega-3脂肪酸的**亞麻仁籽**來取代芝麻。

亞麻仁籽是用來製作亞麻仁油的原料。亞麻仁油富含能夠在人體產生與DHA相同作用、同為Omega-3脂肪酸類的α-亞麻酸。雖然與芝麻的形狀類似，但是比起芝麻，亞麻仁籽可以運用的範圍更加廣泛。

除了撒在米飯上當作香鬆，亞麻仁籽也可以撒在沙拉、義大利麵，或是添加在便利商店的三明治上。除了增加食物風味，也能夠充分攝取Omega-3脂肪酸，簡直就是一石二鳥。

此外，由於國中生的行動範圍變廣，有時孩子們可能會自行前往**速食餐廳**、**家庭餐廳**、**便利商店**購買油炸食物或是甜點。孩子的飲食型態產生變化，很多時候都會在雙親視線以外的地方用餐。

雖然無法加以禁止，但是速食食品或零食的鹽分往往較高，請多加留意，避免孩子過度攝取。

零食當中，除了鹽分以外，為了使味道變得濃郁，往往也會使用很多化學調味料，因而造成許多後遺症，務必告訴孩子不要多吃。飽和脂肪酸會使得大腦僵化，導致運作不順利，必須特別注意。

透過日常飲食，照顧孩子的身體與心靈

目前為止，本書說明了大腦與身體不可或缺的營養素及富含營養素的食物。相信各位能更了解各種營養素之於人體的重要性。

當然營養均衡非常重要，不過各位也不需要每天對各種營養素的分量斤斤計較。

家長為孩子製作餐點，最重要的是**透過飲食，讓孩子感受到家長的愛**。

這一點，從副食品期開始，歷經青春期，直至孩子長大成人都不會改變，是飲食最重要的基礎。

副食品時期，為了讓寶寶容易食用，必須仔細將食材磨碎、切成小塊。為了讓寶寶開心地用餐，還會準備餐墊，並且將餐具煮沸消毒。

家長們努力在幼稚園與小學生的便當顏色配置上費盡心思，製作出可愛的表情或是動物形狀。為了矯正孩子的挑食，會想辦法將孩子不喜歡的食材與喜歡的食材混合在一起，或是在調味上多下一點功夫。

當孩子成為國中生後，家長又忙著為孩子準備份量充足的晚餐以及容易消化的宵夜。

料理的形式、種類雖然會隨著孩子的成長不斷改變，但是家長內心深處的關懷是不會改變的。

飲食是家長傳遞給孩子的情感訊息。

也就是說，製作一份能夠幫助大腦充分運作，並且能夠讓能量持續到中午的早餐，便是家長希望孩子充滿朝氣，度過充實學校生活的訊息。

同樣的，加入能提升免疫力食材的飲食，也是「別感冒了」的訊息。家長在準備便當中準備能夠提升肌力、耐力的配菜，則是在鼓勵孩子「社團活動要加油喔」。

孩子每天都會在不知不覺間接收這些家長沒有說出口的訊息。

想要傳遞這些訊息，並不需要拘泥於精緻的料理。對孩子而言，任何料理都傳遞了家長對孩子的關心。孩子能夠透過料理感受到家長的心意，才是最重要的。

只要想起家長們為了自己製作的飲食，孩子們都能因為其中的愛而感到喜悅。比起任何東西，讓孩子感受到家長的愛，這樣的經驗更能夠使孩子的大腦與心靈獲得成長。

親身體驗、感受家長的愛，是激發孩子「幹勁」、讓孩子產生鬥志的關鍵！

童年時期家長製作的料理，在孩子長大成人後，就會成為「媽媽的味道」，留下一輩子不會消逝的味覺記憶。

建構孩子未來基礎的健康身體與聰明伶俐的大腦，是家長們送給孩子最棒的禮物。

請務必透過飲食，全力支援孩子的身體與精神，讓孩子健康成長！

國家圖書館出版品預行編目（CIP）資料

親子食養：專業營養師教你大腦開發這樣吃
/ 小山浩子著 ; 張萍譯.
-- 初版. -- 新北市 : 世茂, 2017.11
面；　公分. --（婦幼館；162）

ISBN 978-986-95210-2-4（平裝）

1. 育兒　2. 小兒營養　3. 食譜

428.3　　106012705

婦幼館 162

親子食養：專業營養師教你大腦開發這樣吃

作　　者／小山浩子
譯　　者／張　萍
主　　編／陳文君
責任編輯／曾沛琳
封面設計／林芷伊
出 版 者／世茂出版有限公司
地　　址／（231）新北市新店區民生路 19 號 5 樓
電　　話／（02）2218-3277
傳　　真／（02）2218-3239（訂書專線）
（02）2218-7539
劃撥帳號／ 19911841
戶　　名／世茂出版有限公司
世茂官網／ www.coolbooks.com.tw
排版製版／辰皓國際出版製作有限公司
印　　刷／祥新印刷股份有限公司
初版一刷／ 2017 年 11 月
I S B N ／ 978-986-95210-2-4
定　　價／ 280 元

Ninki Kanri Eiyoshi Ga Oshieru Atama No Ii Ko Ga Sodatsu Shokuji

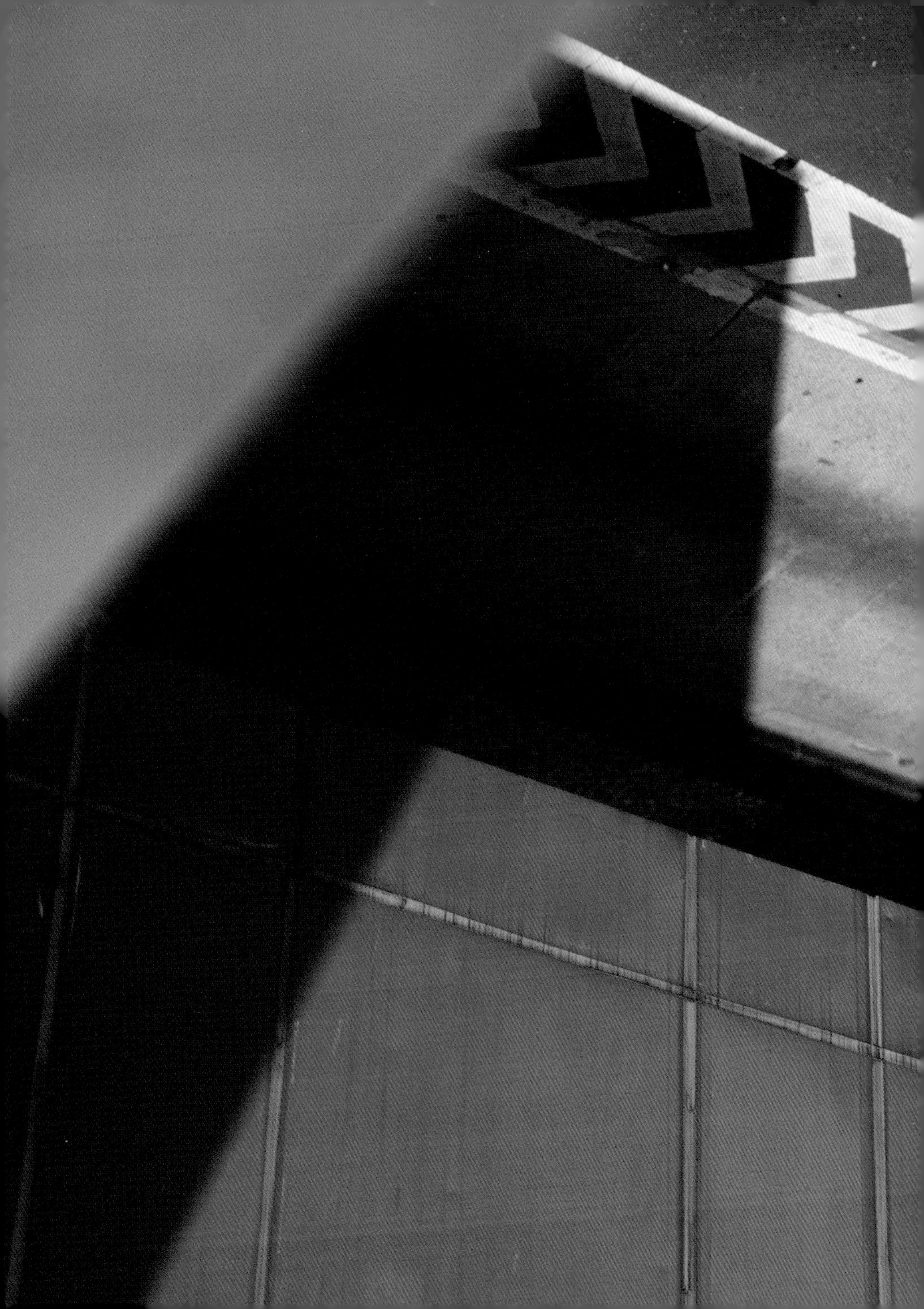

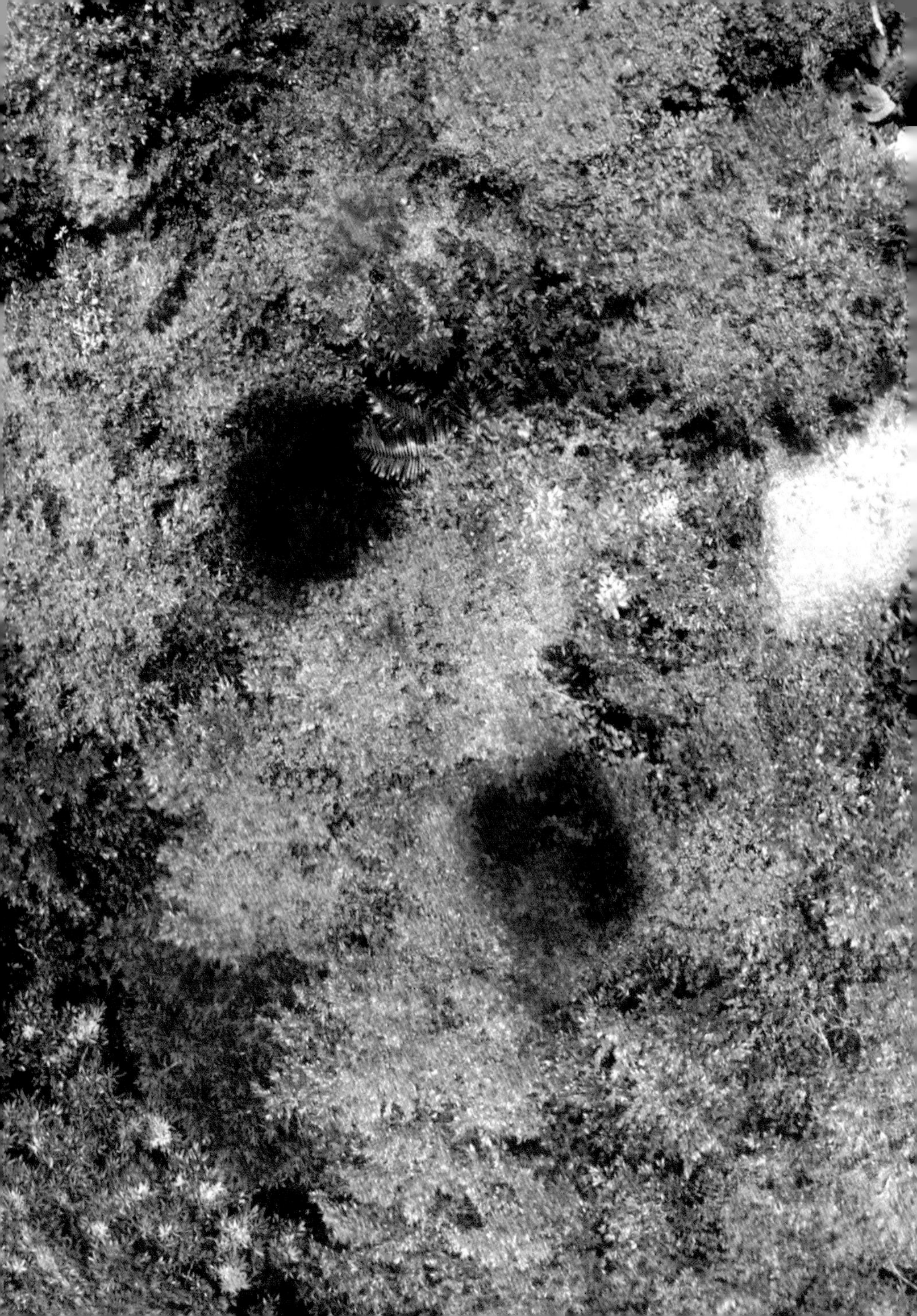

FA 19-101435

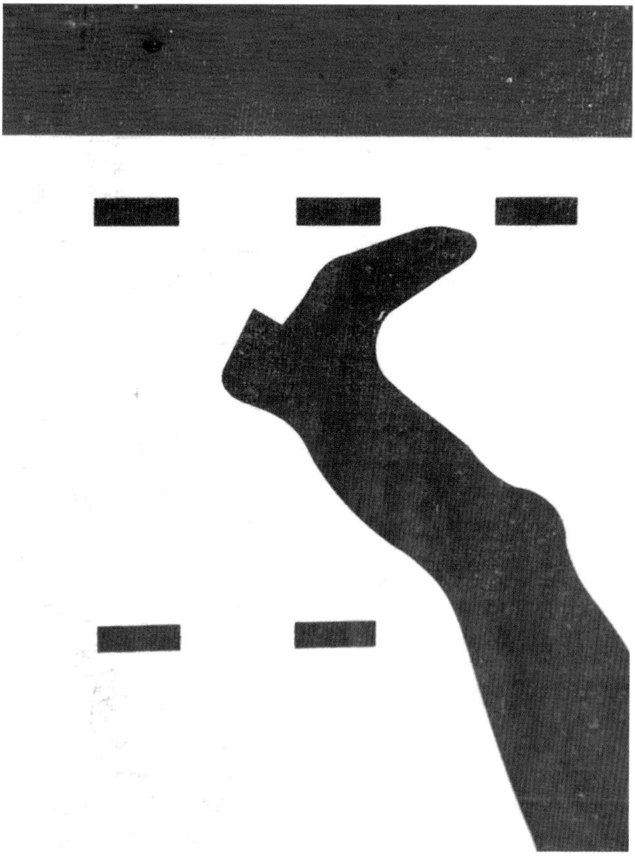